书山有路勤为径，优质资源伴你行

注册世纪波学院会员，享精品图书增值服务

人才领先战略系列丛书

测评识人

定制化测评方案提升选人效率

李祖滨　陈　媛　苏　曼◎著

电子工业出版社
Publishing House of Electronics Industry
北京·BEIJING

图书在版编目（CIP）数据

测评识人：定制化测评方案提升选人效率 / 李祖滨，陈媛，苏曼著. —北京：电子工业出版社，2024.1

（人才领先战略系列丛书）

ISBN 978-7-121-46722-6

Ⅰ. ①测… Ⅱ. ①李… ②陈… ③苏… Ⅲ. ①性格－关系－职业选择 Ⅳ. ①B848.6②C913.2

中国国家版本馆 CIP 数据核字（2023）第 223484 号

责任编辑：吴亚芬
印　　刷：三河市鑫金马印装有限公司
装　　订：三河市鑫金马印装有限公司
出版发行：电子工业出版社
　　　　　北京市海淀区万寿路 173 信箱　邮编：100036
开　　本：720×1 000　1/16　印张：13.5　字数：216 千字
版　　次：2024 年 1 月第 1 版
印　　次：2024 年 1 月第 1 次印刷
定　　价：68.00 元

凡所购买电子工业出版社图书有缺损问题，请向购买书店调换。若书店售缺，请与本社发行部联系，联系及邮购电话：（010）88254888，88258888。

质量投诉请发邮件至 zlts@phei.com.cn，盗版侵权举报请发邮件至 dbqq@phei.com.cn。

本书咨询联系方式：（010）88254199，sjb@phei.com.cn。

2040年，让中国人力资源管理领先世界

李祖滨　德锐咨询董事长

南丁格尔的启示

　　因为我出生在国际护士节5月12日这一天，还因为我的母亲做了一辈子的护士，所以我对被称为"世界上第一个真正的女护士"的南丁格尔一直充满了好奇心。2018年10月，我在英国伦敦独自一人参观了南丁格尔博物馆。博物馆在圣托马斯医院内，面积约300平方米，里面模拟了当时战场上的行军床、灯光，还模拟了枪炮声，以及战场伤员痛苦的叫喊声。博物馆内一个展柜吸引了我的注意，上面写着"She is a writer"（她是一位作家），她一生留下了20多万字有关护理工作的记录，其中不仅有南丁格尔记录护理经历的63封书信、札记，还有她的《护理札记》《医院札记》《健康护理与疾病札记》等多部专著。这些给了我很大的触动：南丁格尔也许并不是第一个上战场做护理的人，也不是救治伤员数量最多的，但因为她是关于护理工作最早、最多的记录者，她以事实、数据和观察为根据，总结了护理工作的细节、原则、经验和护理培训方法等，并把这些记录写成书籍流传下来，向全球传播，为护理工作发展为护理科学做出了重要的贡献，所以她当之无愧成为护理学的奠基人。

　　这一年，我和我的团队已经完成了"人才领先战略"系列第3本书的写作，参观南丁格尔博物馆的经历更加坚定了我写书的信念，我们要写更多的书，只有这样才能真正地为中国、为中国企业、为中国的人力资源管理做出我们应有的微薄贡献，才能不辜负这个时代赋予我们的使命！

➯ "人才时代"已到来

从增量经济到存量经济

改革开放 40 多年，中国经济发展可以粗略地分为"增量经济时代"和"存量经济时代"两个阶段。

第一阶段是 1978—2008 年，是需求拉动增长的"增量经济时代"，这个阶段也被称作"中国经济黄金 30 年"。中国经济形势大好，很多企业即使不懂经营和管理，也能做大规模，获得经济大势的红利。企业似乎只要能够生产出产品，就不愁卖不出去，轻易就可以获取源源不断的收入和利润。在这个阶段，规模、速度、多元化是企业的核心关注点。内部管理是否精细并不重要。

第二阶段是 2008 年之后，中国转向"存量经济时代"，人口红利逐渐消失，城镇化和工业化增速放缓，造成整体市场需求增长趋缓，竞争越发激烈。过去那些不注重内部管理只追求规模的企业，那些为做大规模过度使用金融杠杆的企业，那些仅靠赚取大势红利生存的企业，这时候都遭遇难盈利甚至难生存的危机。特别是 2018 年开始的中美贸易争端导致全球贸易保护盛行，经济全球化遇挫；2020 年的新冠疫情，让中国"存量经济时代"的特征更加凸显——企业的可持续增长面临越来越大的压力。如何调整自身应对新时代的挑战？如何在新时代找到增长与竞争的新的成功逻辑？这是所有企业都需要解答的新课题。

时代给出了答案并做出了倾向性的选择。在"存量经济时代"，越来越多的企业意识到人才的重要性，对人才的渴望也达到了空前的水平，企业家们发现唯有充分利用"人才红利"才能实现企业在新时代的突围，企业在新时代乃至可预见的未来应该倚重的不是金融资本、自然资源、政策支持，而是越来越紧俏、越来越稀缺的各类人才。

个体价值崛起

2014 年被称为"中国移动互联网元年"，也是从这一年开始，众多企业开始推行"合伙人计划"。从万科推行事业合伙人以来，"合伙人"一时风靡于各行各业，被大大小小的企业所追随。"合伙人计划"的背后，是当下"人"作为一种资本，它与物质资本、金融资本一样，能够平等享受对剩余价值的分配权，不仅如此，它还可以参与企业的经营和决策，这是一种个体价值的崛起！

企业家们发现，在这个时代，"人"靠知识、能力、智慧对企业价值的创造起到了主导甚至决定性的作用，"人"的价值成为衡量企业整体竞争力的标志。"人"与企业之间从单纯的"雇佣关系"变成"合伙关系""合作关系"，这也体现了企业家们重视并尊重"人"创造的价值。海尔实行的"公司平台化、员工创客化"的组织变革渐渐让我们看到了未来"不再是企业雇用员工，而是员工雇用企业，人人都是 CEO"的雇佣关系的反转。

从以"事"为中心转向以"人"为中心

在人和事之间，传统的管理理论一直认为人处于"从属"地位，我们认为这是由工业时代的管理思维决定的。在工业时代，因为外部环境的变化不大、不确定性不强，对"事"的趋势性预测相对比较准确，外部的机会确实也比较多，人对企业发展的作用相比金融资本、自然资本的重要性确实会低一些，所以大部分企业家在企业管理上仍以"事"为中心。

但是，到了"存量经济时代"，外部环境风云莫测，不确定性和不可预测性显著上升。同时，随着个体价值崛起，人才对企业发展的重要性已经显著超过其他资本。我们发现，那些优秀企业也早已在积极践行以"人"为中心的管理战略。谷歌前 CEO 埃里克·施密特在《重新定义公司》中讲道："谷歌的战略是没有战略，谷歌相信人才的力量，依赖人才获得的技术洞见去开展新业务，不断地进行创造和突破，用创造力驱动公司的增长。"在国内，华为、腾讯、字节跳动、小米等标杆企业在践行"人才是最高战略"的过程中构筑了足够高的人才势能，它们通过持续精进的人才管理能力，重金投入经营人才，不断强化人才壁垒，获得了越来越大的竞争优势。

很多企业家对我说他们缺兵少将，我们研究发现这是非常普遍的现象，而造成这一现象的根本原因是，"重视人才的企业越来越多，加入人才争夺的企业越来越多，而人才供应的速度跟不上企业对人才需求的增长速度"，所以人才缺乏就比较严重。当今的企业在人才争夺上，面临着前所未有的挑战。我们发现那些优秀的企业都在竭尽所能地重视人，不计成本地争夺人，不顾一切地投资人，千方百计地激励人，人才正在向那些重视人和投资人的企业集聚。

因此，在新时代企业要生存、要发展，"以人才为中心"不是"要不要做"的选择题，而是"不得不做"的必答题，否则人才将离你远去。

即使很多企业已经开始转向"以人才为中心"，但是很多企业在人力资源管理上的思维仍然停留在工业时代，存在着诸多误区。

人才管理的三大误区

误区一：不敢给高固定薪酬

纵观当下，采用低固定薪酬策略的企业通常都沦为普通企业或昙花一现的企业，而优秀企业通常采用高固定薪酬策略。从低固定薪酬转向高固定薪酬的障碍就是，中国人力资源管理转型的薪酬鸿沟，如图总序-1 所示。

图总序-1　中国人力资源管理转型的薪酬鸿沟

误区二：以考核取代管理

以考核取代管理这个误区的根源是长期对路径依赖，以及由此产生的一系列人力资源管理的做法。这种路径依赖让企业习惯于基于绩效考核结果来发放薪酬，这种薪酬发放方式自然而然地形成了"低固定高浮动"的薪酬结构。

这种路径依赖也让企业产生"雇佣兵"思维，企业不注重培养"子弟兵"，缺人就紧急招聘，做不出业绩就没有奖金或提成，而以这种薪酬模式又极难招到优秀人才（见图总序-2）。久而久之，企业就失去了打造优秀组织的机会和能力，使得企业在当前和未来的新经济形势下举步维艰。

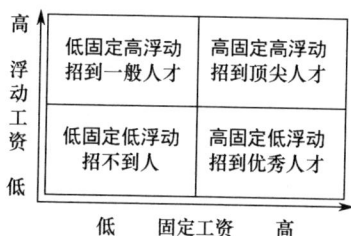

图总序-2　不同薪酬策略吸引不同的人才

误区三：以人才激励代替人才选择

激励的目的是让员工产出高绩效，很多人在研究激励，企业也在变着花样地优化自己的激励体系。然而我极少看到有企业家对自己企业实行的激励机制感到满意，那些对激励机制感到满意的企业往往不是因为激励本身，而是因为企业打造的人才队伍和组织能力。

事实上，员工的绩效在你聘用他的那一刻就已经基本确定了。我经常做一个类比：如果农夫选择了青稞种子，那无论如何精心地耕种和照料，也无法产出杂交水稻的产量。基于长期大量的观察、研究和咨询实践，我发现，企业选择员工就像农夫选择种子，在选择的那一刻也就基本确定了收获。

🡒 21 世纪第一竞争战略：人才领先战略

人才领先战略是什么

"人才领先战略"是一个完整的管理体系，它包含企业成为领先企业的成功逻辑，其所要表达的核心思想就是"如果在人才方面优先投入和配置，那企业的发展将会有事半功倍的效果"。

基于长期主义的思维，如果企业能够聚焦于人，将资源优先投入到人才管理上，企业就会获得成倍于同行的发展速度、成倍于同行的利润收益；随着企业规模的扩大，企业家和管理者的工作量不需要成倍增加，他们在工作中会变得更加轻松和从容。我们把"人才领先战略"翻译成英文"Talent Leading Strategy"，这是一个先有中文后有英文的管理学新词，在西方成熟的管理体系中还未出现过。

完整的"人才领先战略"体系包括四大部分，如图总序-3 所示。

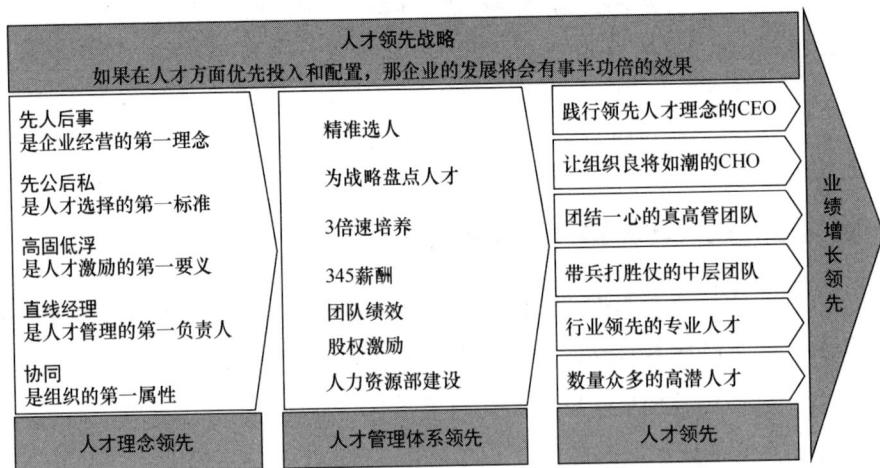

图总序-3　人才领先战略模型（"人才领先战略"体系）

1. 人才理念领先

优秀企业领先于一般企业的关键是，拥有领先的人才理念和足够多的优秀管理人才。

企业家和企业高管需要摒弃陈旧的、过时的、片面的、错误的人才理念，刷新符合时代特征和要求的先进人才理念，用人才领先战略的理念武装自己。

新的时代背景下，我们为中国企业家萃取了领先的人才理念：

- "先人后事"是企业经营的第一理念；
- "先公后私"是人才选择的第一标准；

- "高固低浮"是人才激励的第一要义；

- "直线经理"是人才管理的第一负责人；

- "协同"是组织的第一属性。

2. 人才管理体系领先

为中国企业做大做强，我们帮助企业建立领先的人才管理体系：

- 精准选人；

- 为战略盘点人才；

- 3 倍速培养；

- 345 薪酬；

- 团队绩效；

- 股权激励；

- 人力资源部建设。

拥有领先的人才管理体系，企业相比同行和竞争对手：

- 在人才选择方面，能吸引、识别并选拔出更多优秀的人才；

- 在人才决策方面，以基于战略的人才盘点作为企业人才决策的主要依据；

- 在人才培养方面，更加精准与快速地培养出企业战略发展需要的人才；

- 在薪酬方面，能以同样的激励成本获取更高的人效；

- 在绩效管理方面，能推行促进团队协作、提高组织协同的团队绩效；

- 在股权激励方面，要慎重使用股权激励，以"小额、高频、永续"的模式让股权激励效果最大化；

- 在人力资源部建设方面，更能够让人力资源部走向台前，成为组织能力建设的核心部门。

3. 人才领先

企业做到以下 6 个方面，就做到了人才领先：

- 践行领先人才理念的 CEO；

- 让组织良将如潮的 CHO；
- 团结一心的真高管团队；
- 带兵打胜仗的中层团队；
- 行业领先的专业人才；
- 数量众多的高潜人才。

4. 业绩增长领先

企业拥有了以上 6 个方面的人才领先就能做到：企业良将如潮！业绩增长领先！

谁能把企业做强做大

未来的中国将经历市场洗牌的过程，在无数次面对企业家讲课时，我明确地说道：

"未来 20 年，企业如果没有进入行业前十就没有生存权，如果没有进入行业前三就没有安全感。没有进入前三、前十的企业都会被淘汰出局。"

在供给过剩的经济环境下，每家企业都在拼命地奔跑，做强做大才能长久生存。那么谁能将企业做强做大呢？

第一，企业做强做大，一定取决于企业的各个部门、事业部、子公司能够做强做大。企业一定不可能出现这种情况，如各个部门、事业部、子公司没有做强做大，结果企业却做强做大。这种情况不符合逻辑。

第二，企业的各个部门、事业部、子公司能够做强做大，一定取决于各个部门、事业部、子公司的负责人都是能把组织做强做大的管理人才。企业一定也不可能出现这种情况，如各个部门、事业部、子公司的负责人不善管理，不具备把自己的部门、事业部、子公司做强做大的能力，结果他负责的部门、事业部、子公司做强做大了。这种情况也不符合逻辑。企业做强做大的逻辑模型如图总序-4 所示。

第三，能把自己的部门、事业部、子公司做强做大的人是优秀的管理人才，他能不断地从外面招聘并吸引人才加入，他能持续在内部培养出人才，他能激励人才做出贡献，他能把人才团结到一起实现高效协同。

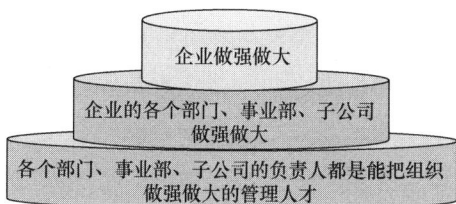

图总序-4　企业做强做大的逻辑模型

第四，因此，能把企业做强做大的是管理人才，是领导自己的部门、事业部、子公司做强做大的人，是优秀的中层管理人才。

企业家面对人才管理问题时的重心是什么？从哪里入手？我的观点是：

"擒贼先擒王，招聘先招将；打蛇打七寸，重点在中层。"

因此，企业要做强做大，需要关注的人才：①管理人才；②专业人才；③高潜人才。其中 70%的重心应该在中层管理人才上。

能把企业做强做大的关键是拥有数量充足的优秀的中层管理人才。

⇨ 为使命而写书

从第一本书《聚焦于人：人力资源领先战略》开始，我们历时数年陆续写了《精准选人：提升企业利润的关键》《股权金字塔：揭示企业股权激励成功的秘诀》《345 薪酬：提升人效跑赢大势》《重构绩效：用团队绩效塑造组织能力》《找对首席人才官：企业家打造组织能力的关键》《人才盘点：盘出人效和利润》《人效冠军：高质量增长的先锋》《人才画像：让招聘准确率倍增》《3 倍速培养：让中层管理团队快速强大》等一系列人才领先战略图书，2023 年我们还会陆续出版《双高企业文化》《校园招聘 2.0》等书籍。我们秉持每一本书的每个理念、方法、工具和案例都聚焦于人，努力向企业家详细介绍如何系统实施"人才领先战略"，为企业家指出事半功倍的企业成功路径。

曾有企业家和朋友问我："你们写这么多书的动力是什么？"我发自内心地回答说："是为了 2040 年的使命！"实际上，我们写书有三个动力。

第一，让勤奋的中国企业少走弯路

大多数中国企业的快速发展依赖于勤奋，但疏于效率；中国的企业家很喜欢学习，但有不少学习的课程鱼龙混杂、难辨真伪。近几年，中国的企业家对人力资源管理的关注热情越来越高，然而人力资源书籍要么偏宏观理论，要么偏操作细节，基于企业家视角，上能贯通经营战略的高度、下能讲透落地执行的人力资源书籍十分匮乏。为此，我将我们的书的读者定位于企业家。

我之所以能自信于我和德锐咨询对中国企业对人力资源的需求、痛点、难点的洞察，之所以能自信于我对全球领先企业的成功做法与实践的识别，一方面，源于我在沃尔玛从事人力资源管理的工作经历，让我能够识别国内外优秀企业的共性特征。此外，我们善于整理案例，萃取精华，建立模型，撰写成书，然后向更多的企业推广，让更多的企业能够更方便地学习掌握并运用先进的做法，避免它们经历过多的寻找、试错、再寻找的重复错误和浪费。另一方面，我们在每年年会上接触上千位企业家，与数百位企业家进行深度交流，我们也特别重视主持和参与企业家私董会的问题研讨，这让我们接触到各种类型的企业、各个发展阶段面临的组织发展和人才管理的各种问题。这确保了我们对问题需求有充分的了解。

我们以最广泛的方式学习、收集《财富》世界 500 强企业的领先做法和中国各行业头部企业的成功实践，也包括我们每年咨询服务的上百家企业，它们大多是各行业、各细分领域的领先企业，虽然有各自需要提升的方面，但也都有自己的优秀做法。我们利用自己快速学习、提炼归纳的优势，总结组织发展和人才管理的各种方法论。

第二，让更多企业用上世界领先的管理方法

在写书的过程中，我反复向研发写书团队强调：不要保密！不要担心同行学会了，就和我们竞争抢业务！不要担心企业家和 HR 负责人读懂了我们的书并且会做了，就不找我们做管理咨询了！我们要对自己的研发有自信，我们不断研究和创新，研究企业遇到的新问题，研究行业中还给不出的解决方案，这是"人无我有"；我们还要对行业中另一种情况进行研究，如有同行在提供咨询

服务，但是理念和方法落后，企业的咨询效果不佳，我们研究出比同行更与时俱进、更能解决企业实际问题的解决方案，这是"人有我优"。总有优秀的企业希望建立人才先发优势，用到我们领先的咨询产品；总有优秀的企业能拨开迷雾，识别出我们从根本上解决问题的系统性解决方案。以"不要保密"的开放精神去写书，是要让更多的优秀企业和想成为优秀企业的企业知道，德锐咨询能帮助企业找到更好的方法。

我们写书时秉持的宗旨是，我们的书要做到：让读者在理念上醍醐灌顶，在操作上读了就会。我们坚持：总结西方管理的领先理念、《财富》世界 500 强企业的成功经验、中国头部企业的经典案例、中小企业的最佳实践，萃取背后的成功逻辑，构建普适性模型，将应用方法工具化、表格化、话术化。

第三，让中国人力资源管理领先世界

写书过程中的艰难与痛苦只有写书的人才知道。在我们公司的各种工作中，写书是最艰难的事情。我们过去能坚持下来，未来还将坚持下去，皆因德锐咨询的使命——"2040 年，让中国人力资源管理领先世界"。我们希望，在不久的将来，中国能成为世界最大的经济体，不只是规模上的世界领先，更应该是最强的经济体，应该是人均产值、人均利润的领先。这就需要更多的中国企业成为效率领先的企业，成为管理领先的企业，成为人力资源管理领先的企业。作为专注人力资源管理咨询的德锐咨询，我们决心承担这一使命，呼吁更多的企业家、管理者一起通过长期的努力奋斗，不断提升中国企业的人力资源管理水平，直至实现"让中国人力资源管理领先世界"。

我们的用心收到了很多企业家朋友和读者真诚的反馈：

"这次去美国只带了《精准选人》，深刻领悟了书中的观点。"

"我买了 100 本《聚焦于人》，我把这本书当作春节礼物送给我的企业家朋友。"

"我给我的所有中层都买了《人效冠军》，让他们每个人写读书心得。"

"我们企业家学习小组正在读《重构绩效》，15 个人每周读书打卡。"

"感谢李老师的《股权金字塔》，我们公司正在参考这本书做股权激励方案。"

"谢谢你们无私的奉献,《人才画像》里面写的方法、工具,是我招聘时一直在寻找却没有找到的,你们把这种方法写了出来,很实用!"

"以前我总以为我的一些想法是错的,看了您的书,验证了我的一些成功实践,在人才管理方面有了新的思路。我个人不太喜欢看书,但您的书我特别喜欢!我已经买了您所有的书,已经读完了 9 本,两个月内能全部读完。"

这些反馈让我们感到十分欣慰,它们又成了我们持续为企业家写书的动力。

为此,2019 年我和合伙人团队达成一致,坚定地把持续研究、撰写"人才领先战略"的专业书作为公司一项长期的战略任务。我们已经在"十三五"期间完成了 13 本书的翻译和撰写。2020 年年底,当我们在制定"十四五"规划的时候,也制订了一个宏伟的写书计划:"十四五"期间写到 25 本书,"十五五"期间写到 50 本书,到 2030 年我们总计要完成"人才领先战略"系列 88 本书的写作。

🔜 决心和勇气

每家企业都想成为优秀企业,但并不是每家企业都有践行优秀企业做法的决心和勇气。在过去的 10 年中,我们向上万人介绍过"人才领先战略",很多人听到后认为它逻辑合理,但我们发现真正要践行的时候,很多企业又开始犹豫了。

为什么会犹豫?很多企业家说:"周围的企业都还在用'低固定高浮动'的薪酬模式,我要冒这个风险吗?我如果用'高固定低浮动'的薪酬模式,给错人怎么办?给了高薪酬,人又离开了怎么办?给了之后,他依然做不出更大的贡献怎么办?企业的人力成本过高,影响经营怎么办?"甚至有的企业家说:"如果我给了高固定工资,别人都托关系把人推到我这边,要求安排工作怎么办?"之所以产生诸如此类的担心顾虑,是因为大多数人对变化带来的风险损失进行了过多的考虑和防范,而对于已经蒙受的损失,却有着过高的容忍度。

企业家要跨越鸿沟，需要决心和勇气。

其实，企业家并不缺乏决心和勇气。企业家有买地、建厂房、买设备、并购企业的决心和勇气，但这些都是没有腿、没有脑，自己走不了的：厂房坏了还在那儿待着，设备旧了还在那儿趴着，并购的企业烂了还在手中。

然而，很多企业家缺乏的是招聘、培养、给出高固定工资和让不合适的人离开的决心和勇气，因为人是有腿有脑的，有主观能动性的，当对象会发生变化的时候，我们就会被成功的概率所困扰。因此在人的方面，企业家要用概率思维估量得失，不能只关注损失，更要关注收获。例如，人才培养，我们不能只看培养后走的人，更应该看培养后留下的人，看到那些已经成为栋梁、为企业创造价值的人。如果我们不培养，就很难有收获；如果我们在培养上下了功夫，即使有人走了，我们还收获了留下的人。

企业家对人要有信心，要信任和激发人性中积极的方面，在人的方面要勇于尝试，只有勇于承担用人造成的损失，才能赢得人才争夺战的胜利。

为什么有些企业家缺乏分享的勇气？这是因为他们想当富豪。为什么有些企业家不敢淘汰人？这是因为他们想当"好人"。真正的企业家，应该放弃当富豪、当"好人"的想法。当真正处于企业家角色的时候，放弃这些都是轻而易举的，践行领先人才理念的决心和勇气会油然而生。

今天的"人才领先战略"能否在企业实施落地，关键看企业家面对现在的经济环境有没有决心和勇气。

德锐咨询的"人才领先战略"所介绍的理念、工具和方法，都是卓越企业的做法，并不是大众企业的做法。但这是不是意味着德锐咨询的研究不符合大众企业的利益和需求？

每当我们问企业家："你想让自己的企业成为昙花一现的垂死苟活的企业，还是成为优秀企业，或者卓越企业？"所有企业家都希望自己成为行业领先，成为区域领先、全国领先，甚至世界领先，所有企业家都怀着要打造优秀企业、卓越企业的情怀与梦想。所以德锐咨询为大众企业提供了如何成为优秀企业、卓越企业的领先理念、正确方法、有效工具，这正符合了大众企业的真正需求。但是，能成为优秀企业和卓越企业的企业并不多，原因就在于许多企业缺乏在人上下赌注的勇气，没有投资于人的决心。

　　德锐咨询将把优秀企业、卓越企业的做法，通过管理咨询的实践验证、分析研究，提炼、总结成书籍、文章，公之于众，帮助更多的中国企业成为区域标杆、行业标杆、全国标杆乃至世界标杆，这就是德锐咨询的责任和使命。

　　吉姆·柯林斯的新书 *Beyond Entrepreneurship 2.0* 中有这样一句话："没有伟大的人才，再伟大的愿景都是空想。"这是很多企业愿景落空的根本原因，而这和德锐咨询"人才领先战略"系列丛书所想表达和强调的思想是高度一致的。我们希望"人才领先战略"系列丛书的出版，能够真正帮助中国企业家提高人才管理能力，坚定人才投入的决心，成就企业伟大愿景。

　　是为序。

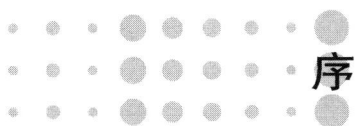

测评识人的定制化时代

李祖滨　德锐咨询董事长

⇨ 招错人的损失触目惊心

自 2017 年《聚焦于人：人力资源领先战略》出版以来，我受邀参加了近千场大大小小的企业家论坛。在论坛上，每每提及应该给合适的人加大固定薪酬时，总是遭到不少人的质疑：高固定薪酬岂不是薪酬浪费？拿了高薪后，员工再无奋斗激情怎么办？

在这个环节，我会让企业计算招错人的损失，不仅包括直接损失、间接损失，更包括招错人的机会损失。算完后，他们才幡然醒悟——产生真正的损失，并不是因为发了高固定的薪酬，而是因为发给了不合适的人。

在数不清多少次的招错人损失计算中，一家光伏新能源企业对于一位工作一年的人力资源总监的损失测算，让我印象深刻。该企业当年正处于扩张期，在全国各地建立了十大事业部，对人才的需求猛增，而这位人力资源总监也被寄予厚望。但事后证明，这位人力资源总监不是一个合适的人选，而企业却花了整整一年的时间才得出这一结论。在计算用错这位总监的损失时（见表序-1），董事长看到数据，倒吸一口凉气。

这只是众多测算结果中普通的一个，类似这样的计算还有很多。不论岗位的大小，我们都能发现，招错一个人的损失是触目惊心的。在德锐咨询提供咨询服务的 600 多家企业中，我们统计过企业发放薪酬的最大浪费之处，就是把薪酬发给不合适的人。

表序-1 招错一位人力资源总监的年度损失测算

损失类型	计算过程	损失总额
直接损失	• 工资 5×12=60（万元） • 五险一金 1.65×12=19.8（万元） • 福利 0.8×12=9.6（万元） • 招聘猎头费 12 万元 • 培训费 5 万元	106.4 万元
间接损失	• 因对用人标准的理解不到位，招错了一位事业部总经理，年薪及招聘费用共 110 万元，其中年薪 100 万元，猎头费接近 10 万元	110 万元
机会损失	• 一位合适的人力资源总监，保守估计一年为企业在人才招聘、培养及组织建设方面创造的价值达 400 万元	400 万元
总计		616.4 万元

尽管成本触目惊心，但招错人的损失无人问津。招聘负责人、人力资源负责人、经营层高管、董事会、股东会，对招错人损失的重视和责任追究，远不及对采购、生产、销售造成损失的责任追究。

我可以断定，企业如果用的人不合适，那么企业的管理体系、机器设备、生产流程等再先进，对于企业的持续稳健成长也无济于事。精准选人是提升薪酬福利、绩效管理、股权激励、人才培养、企业文化和战略执行有效性的前提，是确保企业利润的前提。

⇨ 人才测评提升面试精准度

自 2012 年面试德锐咨询的第一位员工以来，我一直坚持使用人才测评辅助选人判断与决策。往前追溯，自 2005 年从事人力资源管理咨询相关工作以来，我一直帮助客户正确掌握如何使用测评工具选拔人才。人才测评对于面试准确度的提升，理论上与实践上都得到了验证。德国心理学家 Hossiep R.（1999）提到，测评能够将面试的信效度提升 15%～25%——这是一个很大幅度的提升。基于应用测评辅助面试的经验，我们可以发现测评结果能够提醒面试官需要关注和验证的软性素质，可以有效防止面试过程中的主观偏差。

面对各式各样的测评工具，很多企业家或高管会问我应该选择哪一个，每当这时，我会坚定地推荐以大五人格理论为基础的性格测评工具。在使用和研究开发测评工具的过程中，我们发现，基于大五人格理论的测评，配之专业的报告解读，可保证对候选人素质特征考察的精准性。自从美国爱荷华大学管理与组织学院教授巴里克和芒特（1991）开创性地进行大五人格测评和工作绩效关系的研究之后，大量的海内外学者研究了大五人格测评对于工作绩效或业绩的预测效果，其结果都表明，大五人格测评可以有效地预测工作绩效。其中，大五人格测评维度中的"尽责性"高，能预测候选人的绩效会更高；"亲和性"高，能预测候选人的协作能力更高；"外倾性"高，能预测候选人领导能力更强；"思维开放性"高，能有效预测候选人的创造和创新能力更强。

这么多年来，即使我已经对德锐咨询自主研发的面试流程和管理咨询顾问的人才画像烂熟于心，也相信自己的识人直觉，但依然不敢忽视测评在面试中提升选人精准度的价值。在德锐咨询，十年来也一直坚持在复试前运用测评问卷，这能够有效印证我在初试时对候选人的疑虑，最关键的是能帮我把精力放在需要重点考察的点上，所以基于我个人的经验，面试中采用测评问卷，至少让我的选人精准度提升了 20%～30%——这对于我们来说，就是在节约成本与创造价值。

⇨ 测评报告解读没有那么难

在德锐咨询发展早期，我会坚持给每位做过大五人格测评的客户做一对一解读，每次解读，都会有客户说"像算命"一样精准。这一方面得益于基于大五人格的测评工具确实能够展现出被测评者的真实状态的优势，另一方面得益于我在大学期间通读了学校图书馆里的心理学书籍，并且参加过性格测评解读课程。因此，在创业的前几年，我都坚信，只有和我一样有较多阅历和经历的人，才能精准解读性格测评报告。

随着企业的快速发展，我没有精力再对所有的客户一对一解读。"如何通过报告解读为客户提供价值，保持与客户的紧密连接"成为我一直想解决的一个问题。后来的一件事，使我打消了"让其他人为客户解读测评报告是不是不好"的顾虑。

有一次，我和同事一起来到一家正在服务的客户现场。一进企业就听到上到老板下到管理层，都很客气而亲切地称呼我们刚毕业一年的助理咨询顾问为"张老师"，而对她的称呼，在上次我来到项目现场的时候，还是"小张"。客户企业的老板刘总笑着向我夸奖："德锐咨询的张老师可了不得，她帮我们解读我们的性格测评报告，感觉比我们自己还了解自己。"听到这个，我恍然大悟，欣慰地看了看小张，她有点不好意思地笑了，"刘总客气了，其实是大家做得认真，而且我们的测评工具也比较真实地反映了被测评者的情况"。其实，像小张一样的德锐咨询的同事，都观摩过几次我帮助客户解读测评报告，并且在凭借自己主动学习和钻研，准确理解了报告中性格特质的内涵后，大多数在项目现场就能为客户管理者和员工解读测评报告，并得到了客户的认可和好评。

这次经历让我认识到，只要拥有基本的大学教育，再加上几十份报告的解读实践，就能掌握测评报告解读的技能。从此，我放下了自己对于解读测评报告这件事的顾虑，不再限定只有资深的项目总监或项目经理才能帮助客户解读报告。并且，我还鼓励项目组为客户 HR 人员和管理者进行解读培训，教给大家正确解读自己的和同事的测评报告。在这个过程中，不仅可以授人以鱼，还可以使大家掌握授人以渔的方法，赋予客户解读测评报告的能力。经历过基本的测评培训，再加上自己的认真理解与演练，大部分中层以上管理人员都能具备解读测评报告的能力。

经过在德锐咨询和客户企业的大量实践，我可以自信而大胆地说："测评报告解读并没有那么难。"

对于测评的价值与使用方法，有两种极端的观点，其实都是不太恰当的。

第一种观点是将测评工具神秘化，认为只有测评专家和经过严密训练的专业人员才能解读。

第二种观点是将测评工具有效性过度夸大，认为测评报告不需要解读，直接根据结果就可以决定人员的去留与选用与否。

而我的观点是：测评报告需要专业的解读，但解读报告的人不需要具备深厚的理论功底，只要经过对报告解读的培训，拥有实操的解读经验，并具备人才管理的经验，就可以直接解读报告，并对选人、用人做出判断。

⇨ 人才测评定制化时代

在我接触的众多企业中，大多数都在为怎么精准地选到合适的人才而苦恼，但是当他们被问到有没有使用过测评工具选人时，依然有相当比例的企业从未使用过。即使在使用测评工具辅助选人的企业中，很多也处于懵懂的状态，要么信奉着一些卡通式的测评工具，要么苦恼于测评工具没有办法精准匹配本企业的选人需求。根据测评应用的深入程度，我将中国企业对于测评工具的应用分为了三个模式。当前不同企业在测评工具的应用上，处在不同模式的混合阶段。

阶段一：卡通式测评。 很多企业希望用到能够支持招聘决策的测评工具，但不知道选择怎样的测评工具。有些企业会按照老板的喜好，倾向招某些属相的人，或者不招某些属相的人。有些企业会根据候选人的星座、血型不匹配而放弃聘用。有些企业会选择简单、好玩的所谓测评工具，如以动物、颜色代表人的性格类型，等等。这些测评应用，还处于卡通式测评时代。卡通式测评的应用，大多数是免费的，看起来简单易懂，应用门槛很低，但娱乐效果大于识人效果，很难帮助企业真正选择到合适的人才。所以，卡通式测评是断然不能用在选人决策中的。

阶段二：通用式测评。 越来越多的企业，尤其是企业里经过专业训练的 HR 人员，也越来越认识到测评在辅助选人上的价值，开始引入各种各样的专业测评工具，这些专业测评工具大多数是由专业机构提供且收费的。只要是基于科学的心理测量学理论，经过了信效度的验证的专业测评工具，都有其价值和可用之处。这类测评的价值是标准化、通用式的，虽有其专业性，但随着企业对于选人用人的需求越来越差异化，甚至企业在不同的发展阶段都会有不同的用人标准，这种测评模式开始难以满足企业更高的个性化需求。

阶段三：定制化测评。 在使用测评工具时，有些企业提出这样的问题："如何为我们的关键岗位定制化开发一个适合的人才画像？"相比于通用式测评，除了拥有同样的准确性、便捷性之外，定制化测评还需要有更强的咬合性和系统性。所谓咬合性，就是更加贴近企业选人的实际应用场景，精确定位不同岗位的人才画像标准；所谓系统性，就是提供给企业的不是一个简单的选人标准，而是一系列选人的方案——包括定制的画像、定制的面试题库、定制的面试与选人流程等。

三类测评工具的优劣势如表序-2所示。

表序-2 三类测评工具的优劣势

测评工具类型	优　势	劣　势
卡通式测评	▪ 易于学习接受 ▪ 娱乐性强，容易记住	▪ 无法预测候选人行为与业绩表现 ▪ 给候选人的感受不够专业
通用式测评	▪ 有测评理论的支持，专业性强 ▪ 标准化，可被快速采用和复制	▪ 对于非专业人士有应用门槛 ▪ 针对性不够强
定制化测评	▪ 有测评理论的支持，专业性强 ▪ 基于岗位形成定制岗位画像报告，针对性强 ▪ 系统化解决方案，可操作性强	▪ 需要投入定制测评时间

在人才抢夺的时代，只提供一个测评问卷，已经很难在精准度和效率上满足企业的选人需求。企业需要一整套精准选人的方法，也需要更加定制化的选人方案。这就是我们写作本书的初衷：引领企业走入精准识人的定制化时代。

⇨ 人才测评定制化时代的探路者

与李中权教授合作

截至2018年，德锐咨询一直使用一款从国外引入的基于大五人格开发的测评工具为客户提供测评服务。该测评工具是一位美国心理测量学的权威人士开发的，我们一直是他的战略合作方，也使用了很多年。但因开发者保密等原因，我们一直无法获取测评的原始数据，而我们服务的企业客户对于测评的需求越来越多，如希望给他们做深入的针对性的分析和建议，并提出了为企业定制化测评工具的需求。基于此，2018年，基于德锐咨询长期愿景，我们做出了独立开发一款有自主知识产权的测评产品的决定：为中国企业提供可以结合实际情况的测评解决方案。

确定了这个方向，我们内部立即组建了以拥有心理学专业背景的同事为主体的人才测评研发小组。一开始，我们利用三个月时间研读了国内外所有和测评相关的书籍。但真正开始开发一款专业的测评工具，我们还需要借助专业的力量。随后，我们开始寻找该领域的专家，幸运的是，我们遇到了南京大学心理学教授李中权教授。李中权教授是中国心理测量学的开拓者张厚粲教授的弟子，专攻心理测量的理论与应用，有坚实的理论功底，也有丰富的实践经验。

开启自主研发之路

与李中权教授的合作很快确定下来，但测评工具的开发过程并不如我们预期的那么顺利。在理论基础上，大五人格理论是我们从一开始就明确的方向；但在开发题目和计算逻辑的过程中，我们与李中权教授一起进行了一轮又一轮的探讨，每个题目都是一遍一遍地推倒重来——既要有表达严谨性，又要考虑题目的易读易理解性，还要考虑符合商业领域的应用场景。当第一版定稿的测评问卷终于确认后，又开始到处寻找被试者。在这个阶段，还无法形成测评报告，因为所有的测评参与者都是出于对于我们测评工具开发的支持而参与测评的。整个过程中，参与我们测评开发的有在校大学生，有 MBA 课堂上的学员，有客户企业的员工，有德锐咨询同学汇群里的很多陌生的群友们，DR01（德锐人才性格测评）的开发与升级迭代，都离不开众多参与者的支持。收集数据后，经过分析，大多数时候的结果并不理想，这时再开始新一轮的修改，设计题目，不断地打磨。就这样，修改题目，试测，分析，再修改题目，再试测，再分析……我和我的研发小组，已经不记得经历了多少轮这样的过程。

经历了这么艰难的过程，我们想过放弃吗？好像还真没有。一开始我们对于测评工具的定位产生过不同意见，但后来，我跟小组团队达成了一个这样的共识：我们要达成 2040 年的使命——让中国的人力资源管理领先世界，一定离不开一个科学的、定制化的人才测评工具。自此之后，对于小组团队来说，只会问我们如何做得更好，不再会问我们要不要做。

过程中，我鼓励小组团队保持开放的心态，走出去向优秀的测评企业学习。只要发现了市场上好的课程，企业都会毫不犹豫地给出学习经费。我们会反复琢磨每个测评产品背后的逻辑，并无数次组织使用测评的项目经理们一同探讨在项目中使用的痛点。我们与上百家使用测评的客户对我们的产品进行了深层次的探讨，他们很坦诚地提出了自己的困惑与建议。

应用，从自己开始

我们越来越意识到，要给中国企业提供更有价值的测评服务，不能只是出具报告，需要给他们提供更贴近现实场景的应用建议。于是，我们开始在标准化性格测评报告基础上，为企业出具针对岗位的岗位画像报告，并从德锐咨询顾问的岗位画像报告开始应用。该岗位画像报告成为德锐咨询面试官们的一个有力选人武器。

德锐咨询顾问岗位画像报告示例如图序-1 所示。

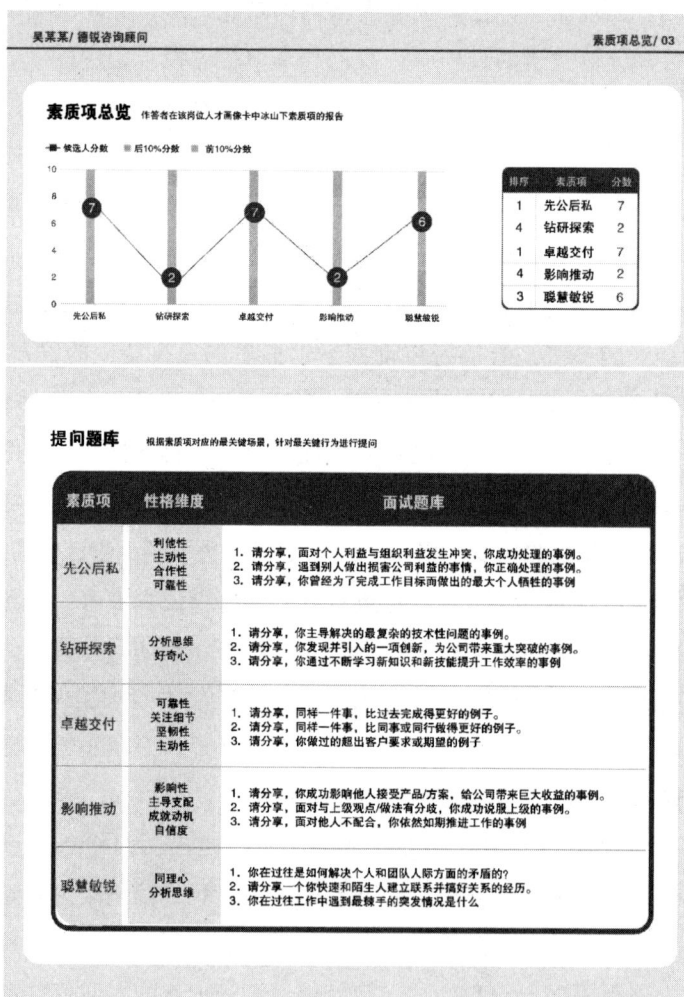

图序-1 德锐咨询顾问岗位画像报告示例

在我写下这篇序的时候，我们的小组团队正在紧锣密鼓地对该报告进行优化升级，并开发基于大五人格的测评，又贴近企业选人需求的定制化测评系统，将德锐咨询一直在使用的定制化报告，转变为可以为更多企业使用的关键岗位定制画像报告。

回顾研发自主知识产权测评工具的历程，我们有投入、艰辛、争论和彷徨，当然，也有不断的收获，如收获测评问卷定稿的喜悦，收获测评工具上线的喜悦，也收获着来自客户肯定的幸福感。到现在，DR01（德锐人才性格测评）已经小有成就，这是支持我们坚守初心、持续向前的动力。

（1）我们积累了 50000 多个样本量；

（2）我们帮助 30 多位客户做了关键岗位的定制化数据分析，形成了基于大数据的定制化人才画像；

（3）我们在 2022 年 1 月开办了第一期面向企业家与高管的定制化测评识人课程；

（4）我们撰写了这本关于定制化测评的《测评识人：定制化测评方案提升选人效率》。

持续开发与迭代

测评产品的持续开发与迭代，是我们达成使命路上研发工作的重要一环。虽然在已经投入使用的性格测评问卷中，我们专门设计了"防伪"的题目与报告维度，但仅有报告还不够。如何能够最大限度地避免被测评者作假，尤其是在招聘选人阶段的伪装，以最大限度提升测评的精准度？这是心理测量领域的难题，也是企业在选人中最常提到的诉求。于是，为了满足这种更加精准的诉求，我们与李中权教授开始了第二次合作，也是测评工具开发的"二次创业"——基于研讨与样本数据分析沉淀下来的题目，开发迫选问卷，在作答阶段就有效控制被测评者的伪装可能性。这一领域即使在理论领域，也还处于持续发展阶段；在应用领域，更是只有全球领先的少数几家测评机构使用该测评方法，我们的研发也进入了性格测评的领先领域。

即使再困难，只要是客户需要的，只要是面向未来前沿的，我们就愿意持续投入，投入我们的时间和专注。当然，投入研发的资金是必不可少的。在这篇序定稿的同时，我们的迫选问卷也已上线。我们也期待未来本书再版时，我们能够分享更多迫选问卷应用的实操案例与经验。

2021 年年底，我们将德锐咨询的使命升级为"2040 年，让中国的人力资源管理领先世界"。

这一使命为我们的研发、项目运营与市场拓展指明了方向。在研发方面，我们的支持性举措就是开发更加靠近理论与应用前沿的产品和服务方案，并坚持出版原创的人力资源管理书籍，将领先的理念、方法与工具传播给更多的企业与管理者。

本书的四个目标

定制化测评才是测评应用的未来，让更多的企业加速进入测评的定制化时代。这可以说是我们测评研发的使命。为了达成这一使命，我们在本书的写作之初就确定了希望达成的四个目标。

目标一：提高企业家和管理者的识人用人能力。

目标二：为企业家提供一本人才测评的实用手册。

目标三：提升中国企业应用人才测评的意识和信心。

目标四：引导中国企业应用定制化测评，掌握定制化测评的方法。

四个目标的达成，除了一本书之功，还需要我们和更多同道者无数次地培训、宣讲，让管理者理解、接受，还需要足够数量的真实落地的项目实践，让企业和管理者建立对测评和测评应用方案的信心。这对我们小组团队，对中国企业的测评识人事业来说，道阻且长。但我们坚信，这四个目标一定能够实现，因为我们相信，只要我们坚持正确的研发方向，持之以恒地做定制化测评的案例研究，一定能够为更多客户提供越来越精准的定制化测评方案，为更多客户精准识别、选拔出合适的人才。

致谢

我们的人才测评工具的开发与应用，之所以有如此高效的进展，得益于客户给我们提供人才测评实战的机会。在无数次碰撞的过程中，客户们的信任或质疑，都给了我们总结、提炼经验教训，并改进模型、方法和工具的契机。感谢所有选择并相信德锐咨询测评产品的客户，感谢各位企业家对我们的鞭策！

感谢南京大学心理学教授李中权教授对我们的理论指导，以及在测评开发过程中配合我们加班加点没日没夜的工作模式，耐心地一遍遍对问题、算法进行修正与优化，这为德锐人才性格测评的开发过程奠定了扎实的理论基础。

感谢参加本书写作的成员——陈媛、胡士强、苏曼、封利、陆佩，他们也是德锐人才测评系统的开发者。

陈媛是德锐咨询合伙人，她在沃尔玛（中国）12 年的人力资源管理经历，让她拥有领先的理念和深厚的实战功底，如今她已经是德锐咨询的精准选人专家。

胡士强是南京大学商学院管理学博士，凯越咨询创始合伙人，曾担任德锐咨询高级合伙人，对于德锐咨询测评系统从"0"到"1"的突破，他功不可没。

苏曼是南京师范大学心理学硕士，从一毕业就参加测评研发小组，她为测评理论与方法的学习和研究投入了极大的热情，也体现出很高的悟性，目前已经是德锐咨询测评研发小组的主力。

封利是南京师范大学心理学硕士，德锐咨询合伙人，她在德锐咨询的面试量名列前茅，她用心理学功底和对选人的高度敏锐为测评系统开发与本书的写作贡献了宝贵的经验和智慧。

陆佩是南京大学人文地理硕士，2020 年加入测评研发小组后，很快掌握心理测评工具开发的原理和方法，以很好的人文素养和语言文字的精准表达，对测评工具的开发和本书的写作做出了很大的贡献。

本书从在德锐咨询的内部立项到今天的出版，历经了近两年的时间，因写作过程的艰难，经历过三次较大的方向性的调整，也就是至少三次较大规模的写作内容被整体放弃。在我无数次对写作方向做了大幅度调整后，写作团队依然坚定地一遍遍重来，将我的思考落地实现，并将他们的思考贡献出来，呈现在书中。这个过程虽然有过挣扎，但他们每个人都毫无怨言，利用休息时间、陪家人的时间、出差路上的时间，一点一点写作，完成了书稿。感谢我们这一群可爱的同事们！

除了直接参与写作的人，还有很多同事参与了写书资料收集、文字校对等工作，他们默默付出，却甘之如饴，本书的出版当然有他们的一份功劳。

还要感谢德锐咨询的数字化研发团队成员王伟、丁腾飞和赵言国，他们与测评研发小组紧密配合，让我们每次的新产品上线、功能更新都能获得及时支持，几乎做到同步迭代。

本书的写作告一段落，定制化测评的大幕才刚刚开启，我很乐意跟我的同事们、志同道合的企业家和管理者们，一起将定制化测评推广给更多的企业，让中国的企业，都能够用好识人用人的科学工具。

目录

第一章

测评提升选人准确率

在《精准选人：提升企业利润的关键》一书中，我曾经提到，"招错人的经济损失触目惊心，却无人问津。招聘负责人、人力资源负责人、经营层高管、董事会、股东会，对招错人损失的重视和责任追究，远不及对采购、生产、销售造成损失的责任追究。"至今，这种现象仍然非常普遍。

招错人的损失不仅包括工资、福利、五险一金、招聘投入等直接损失，还包括产品质量降低、交付延迟、客户满意度降低等间接损失，更不能忽视的是，由于使用业绩差的员工而失去使用明星员工所产生的机会损失（见表1-1）。

表 1-1　招错人的三类损失

损 失 类 型	三类损失的具体内容
直接损失	工资、福利、五险一金、招聘投入、培训、补偿金等
间接损失	产品质量降低、交付延迟、客户满意度降低等
机会损失	由于使用业绩差的员工而失去使用明星员工所产生的损失

⇨ 用错人的最大损失是机会损失

奈飞公司创始人里德·哈斯廷斯曾说："如果有一笔固定数额的资金来完成某个项目，我既可以选择 10～25 名水平一般的工程师，也可以选择一名'精英工程师'，然后付给他比其他人高得多的工资。后来，我也明白了这一点，一名最好的程序员为你增加的价值何止 10 倍啊，简直有上百倍！"可见，优秀人才与平庸员工的贡献差异巨大，这种差异直接反映在企业的用人成本上。

招错一位车间主任损失323万元

在一家华中二线城市的制造企业的精准选人课上，管理者们聚在一起讨论招错一位车间主任带来的损失。

在讨论直接成本损失时，大家很快达成一致，算上招聘投入、五险一金、标准的福利及离职补偿，企业一年的支出近30万元。

在测算间接成本损失时，出现了意见分歧。有人认为这个损失不好估量，"间接成本损失就不容易计算了，也不好说是谁造成的"。有人认为，"员工入职就开始承担这个岗位的责任，要是出现生产事故，我们的贵金属产品可是值不少钱的"。正在大家争执不下时，生产总监站出来说："车间主任是车间生产的直接负责人，除了目前工艺上不能解决的问题，生产的计划、质量都需要车间主任把控。之前因为交付不及时出现问题的情况还少吗？作为基层管理者，车间主任也需要发现和培养后备人才，要是一位车间主任只知道闷头干，不知道带人，要么扩大再生产后继乏力，要么就是好的人才都流失了，带来的损失更大。"最终根据某位车间主任由于交付不及时、产品质量问题带给客户的一次真实损失，测算出了间接成本58万元。

当提到计算机会损失时，大家有些困惑："机会损失指的是什么？"

我们的咨询顾问解释道："招错人的机会损失是指如果招错一位能力低的车间主任，而且还在勉强凑合地使用了一年，就意味着在这一年中企业失去了使用一位优秀车间主任的机会，这个机会损失就用一位优秀车间主任一年创造的价值来计算。"

有人说："那这个就不可估量了，可能是非常高的。"最终，大家同意参考美国人力资源学会调研的结论，按照一位优秀员工的贡献是普通员工贡献的四倍作为计算的依据。保守估计，如果仅按照车间主任可能造成的质量控制、生产计划与培养人才等方面的损失58万元作为贡献的基数，优秀人员替换普通员工可能规避的损失就是232万元。由此，用错一位车间主任可能产生的损失，就可以被汇总计算出来（见表1-2）。

表1-2　用错一位车间主任可能产生的损失

项　　目	金额（万元）
直接损失=3.5+12×（1.4+0.45+0.1）+2.8=29.7	
招聘投入（一次性）	3.5
工资	1.4/月
五险一金	0.45/月
福利	0.1/月
离职补偿（一次性）	2.8/月
间接损失=58	
项目损失	58
机会损失=232	
总计（一年）	319.7

当看到这个数字的时候，现场有人"哇哦"了一声后，集体陷入了沉默。过了一会儿，有人说了一句："原来机会损失才是最大的损失。"

用错人的损失计算结果让现场的参与者都感觉触目惊心，有的人总结为一句话："不算不知道，一算吓一跳。"

仅招错一位车间主任，竟然会带来超过 300 万元的损失，而这个结果还没有测算上级带教、培训等隐性时间成本与福利，以及如果车间出现生产安全问题可能带来的严重损失。

测算过程不难发现，机会成本的浪费占比最大，也是优秀企业在尽量规避的部分。企业在识别到用错人时，一些机会成本的浪费已经发生，如果不及时止损，就是在持续增加机会成本的浪费。在实际工作中，企业往往会因招聘难度大、投入精力多、入职时间长、新人来了适应不了等原因，让不合适的人继续维持在当前岗位。这背后蕴藏着一种心理现象——人们对已经发生和正在发生的错误、低效和损失有着过多的无视、包容和容忍，而对未来变化的风险会进行过多的分析和持谨慎态度，并会放大风险影响。丘吉尔曾说，作为领导者最大的错误莫过于以为问题会随着时间的推移而自行解决和自动消失。这看似什么也没有做的"维持"，本身就在产生着巨大的成本，而在这种维持形成了惯性后，如果没有强大外力的介入，则会持续很久，其带来的损失是不可估量的。

德锐咨询在为客户提供咨询服务的过程中，强烈感受到企业家、经营团队对利润的关注，并寻找各种方法获得利润。但从测算中发现，仅是招错几个关键岗位上的人，一整年的辛苦就会付诸东流。如果岗位招到的是合适的人，则将直接避免利润的流失，推动组织内部效率的提升。

规避损失的关键是选对冰山下

沃尔玛在选人方面的理念是雇佣态度、培训技能（Hire for attitude，Train for skill）。

谷歌在选拔时"放宽眼界"，不以学术成绩作为衡量候选人的唯一标准。

优秀的企业在招聘时更多关注的都是冰山下的素质等，而非冰山上的经验、技能等外在素质，根本原因在于真正决定员工绩效的是冰山下的部分。

著名心理学家麦克利兰发现，相对于冰山上的学历、经验、知识、技能等看得见的部分，冰山下的部分对个人的行为与表现起着更加关键的作用。

冰山下的素质对选人的价值，在我们的咨询实践中得到了验证。在某知名房产中介公司，我们针对房产经纪人这一岗位进行了人才画像搭建、面试官能力辅导与认证等工作。在人才画像部分，对冰山上的标准进行了精简，仅保留统招大专及以上学历、无文身两项要求；对冰山下的标准基于岗位需求、人才测评分析结果提炼出诚信正直、有韧性、有责任心三项（见表1-3）。

表1-3 房产经纪人的人才画像

人才画像	
岗位名称	房产经纪人
冰山上（学历、经验、技能）	统招大专及以上学历
	无文身
冰山下（价值观、素质、潜力、动机、个性）	诚信正直
	有韧性
	有责任心

在房产经纪人的人才画像确认后，我们在此房地产中介公司的南京分公司（以下简称南京分公司）进行了宣贯、共识。一个月后我们对南京分公司的复试人数、复试通过人数、复试通过率进行统计，结果发现，虽然推送总部的复试人数下降了，但复试通过率提升了17%，相比于普通面试官，通过德锐咨询金牌面

试官认证的面试官的复试通过率高出了 8%，同时人才流失率下降了 12%。

相比于冰山下的素质，冰山上的部分当然不是毫无价值，但在实践中，管理者出于简单、易于识别等原因，或者夸大了冰山上的价值，过于依赖冰山上的标准进行选人。

> ### 无效的冰山上选人标准

在某家医疗器械公司，管理者在招聘销售岗位时根据经验设立了一些冰山上的标准，如更倾向于男性、学历大专、年龄 30 岁以上、销售经验 3 年以上的候选人。管理者认为这样的候选人有比较大的生活压力和相对弱的社会竞争力，从而会更加卖力地在公司持续担任销售工作。

但通过数据发现，这样严格的冰山上招聘标准并没有带来人员流动率的下降及业绩的上升。为了更好地验证这些标准无效，我们深度分析了销售团队的业绩表现。

分析中我们把管理者关注的冰山上特质做了分组，如性别区分为男、女两组，年龄区分为 25 岁以下、25～30 岁、31～35 岁、36～40 岁、41 岁及以上五组。对不同组间的业绩结果进行对比，如果组间差异显著，即某组结果业绩明显更好，则意味着该特质对业绩有所影响，在招聘中需特别关注；如果组间业绩没有明显差异，则意味着该特质对业绩预测力低，不需要过分关注。

表 1-4 为当时的检验结果，其中 χ^2 代表了组间差异程度，χ^2 越大意味着组间差异越大，P 值报告了该差距是否显著，如 P 值小于 0.05 则该差异显著；χ^2 越小意味着组间差异越小，如 χ^2 为 0 则意味着各组数据在理论上不存在差异。

结果证明：不同的性别、学历及工作经验对该岗位业绩表现的影响没有明显差异。

表 1-4　某公司冰山上的素质对业绩影响分析结果

项　　目	类　　型	χ^2	P
性别	男	0.238	0.625
	女		

（续表）

项　目	类　型	χ^2	P
学历	中专/高中	2.973	0.226
	大专		
	本科		
年龄	25 岁以下	2.157	0.707
	25～30 岁		
	31～35 岁		
	36～40 岁		
	41 岁及以上		
工作经验	2 年以内	0.747	0.945
	2 年半～5 年		
	6～8 年		
	9～15 年		
	16 年及以上		

➩ 90%的企业不会识别冰山下

虽然很多人知道冰山下素质的重要性，但是掌握面试中识别冰山下素质的企业不到 10%，超过 90%的企业不会识别冰山下。

根据过往经验，不能识别冰山下的原因包括：人才画像不精准，不会用行为面试法考察素质项，没有正确使用测评工具。

人才画像不精准

大多数企业在招聘中所参考的标准是岗位职责而非人才画像，在选人上没有统一的标准，尤其是冰山下的标准缺失。而有些企业，虽然有了人才画像，也不够精准，导致在选人上出现了较大偏差。

画像偏差导致选出一批不合适的城市经理

中胜公司是一家在行业内小有名气的工程设备生产销售企业，三年前完成了产品和服务的全面转型。从业务转型之初，公司就明确了在各省核心城市建立线下门店这一方向，结合线上平台开发，实现线上线下全覆盖。作为城市门店负责人，城市经理是实现一线业务推广与一线销售团队打造的关键因素。随着业务发展，公司对优秀城市经理的需求越来越急切。然而选择什么样的人成为城市经理让公司十分头疼，最近一次人才盘点发现，超 1/3 城市经理业绩无法达到预期。

在与营销总监、人力资源负责人的访谈中发现，过往在选拔城市经理时公司十分关注两点"过往销售业绩"以及"吃苦耐劳"。往往听话、肯干的销售员成为晋升对象，引入的外部人才也都是能吃苦的。但这样选拔出来的城市经理的胜任情况不理想，内部人员晋升后失去了激情和活力，外部引入的大多数人员没有太多管理思维。

在进驻中胜公司后，我们对其招聘流程与招聘标准进行了分析，也访谈了部分优秀的城市经理，发现问题出在对城市经理的画像上。

之前，招聘人员并未梳理明确的人才画像，仅将是否具有城市门店管理经验、过往业绩表现、是否吃苦耐劳作为选拔标准。

为了建立城市经理画像，我们对绩优、绩差的城市经理进行了访谈，并让所有城市经理完成了一次性格测评（见图 1-1）。访谈与性格测评结果对比分析发现，优秀的城市经理身上表现出：高活力性、高自信度、高坚韧性、高分析思维、高创造思维、中等水平的同理心。

为了复盘选拔城市经理的整个过程，同样的对比方法也应用在了销售专员群体。但结果出乎意料，公司目前业绩优秀的销售人员普遍表现出较低的分析思维和创造思维，这与绩优城市经理的特点是矛盾的。

城市经理除了正常销售动作，也需要负责城市门店的经营工作，解决门店最困难的问题。创造思维让城市经理在面对问题时充分发散，寻找所有可能的解决方案；分析思维有助于他们深度聚焦看到问题本质，找到最匹配的解决方案。

这就解释了最初的那个问题："为什么根据'过往销售业绩''吃苦耐劳'选拔的城市经理，很多人无法胜任工作？"人力资源负责人感叹道："对公司来说，之前的选拔让我们多了不少平庸的城市经理，失去了一群优秀的销售人员！"

	情绪稳定性				外倾性				亲和性				思维开放性					尽责性						
	平和度	自信度	情绪控制性	抗压性	乐群性	主导支配性	活力性	影响性	同理心	合作性	谦虚性	利他性	好奇心	分析思维	创造思维	适应性	独立性	条理性	自律性	可靠性	成就动机性	坚韧性	主动性	关注细节
绩优	53	71	59	53	63	57	84	74	48	61	61	44	34	72	70	46	34	54	79	62	65	67	65	55
绩差	46	60	66	46	59	59	72	60	58	57	58	58	37	63	58	52	36	56	61	63	71	53	60	56

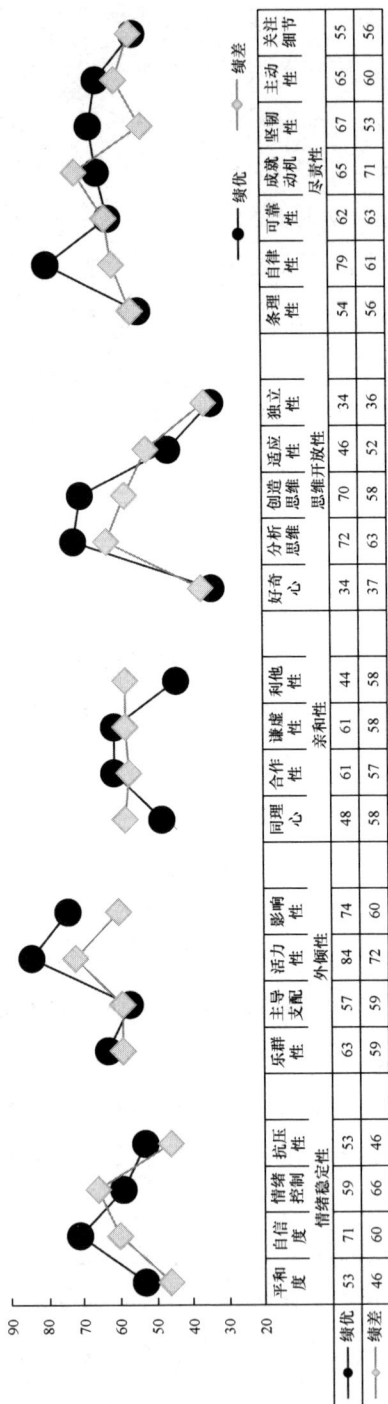

图1-1 城市经理绩优、绩差人员对比结果

— 8 —

之后，我们结合访谈与性格测评分析，形成了新的城市经理画像，并与营销总监和招聘人员共同讨论确定了新的画像（见表1-5）。

表1-5 城市经理的人才画像

人 才 画 像		
岗位名称	城市经理	
冰山上（学历、经验、技能）	一年管理经验	
冰山下 （价值观、素质、潜力、动机、个性）	素质项	对应性格维度
	自信	自信度
	活力	活力性
	坚韧	坚韧性
	思维活力	分析思维、创造思维

因岗位冰山下画像不准，选人上出现了方向性错误，导致产生了选错人的损失。在制定冰山下标准时，企业内两类问题频繁出现，一是冰山下画像不全面，二是没有定制化冰山下画像。

冰山下画像往往由多个素质项组成，但在实际选人过程中，常出现只关注到了部分素质项的情况。就如上文提到的城市经理，公司选拔中仅关注到了过往销售业绩与吃苦耐劳，但对于胜任城市经理工作更加重要的活力、自信、坚韧、思维活力这些特质被忽视了，导致在选拔中出现了巨大的失误，后续业绩增长乏力。

由于面临的客户、业务类型不同，即使对于相同岗位，不同企业的要求也会存在巨大差异。我们曾对不同企业店长群体分别进行绩优、绩差组间对比分析，结果显示，同样是店长，因业务类型不同，人才画像有很大差异（见表1-6）。

表1-6 连锁商超绩优店长与连锁餐饮绩优店长性格特质对比

某连锁商超绩优门店店长	某连锁餐饮绩优门店店长
更高的成就动机	更高的成就动机
更高的关注细节	更高的关注细节
更高的平和度	更高的可靠性
更高的条理性	更高的主动性
更高的活力性	更高的自信度
更高的坚韧性	更高的好奇心
更高的自律性	更高的创造思维

连锁商超企业十分强调标准化，过多创新与尝试，会影响门店效率。但连锁餐饮门店本身承担着菜品研发任务，很多新品在门店试销不错就会进行全国推广，因此好奇心、创造思维对餐饮门店店长非常重要。由此可见，对于关键岗位，定制人才画像是必要的，是成功识别冰山下的第一步。

不会用行为面试法考察素质项

德锐咨询为超过 100 家企业提供过金牌面试官认证服务。金牌面试官认证是在真实面试场景下，对面试官的面试能力进行一对一认证和辅导。

我们发现，很多经验丰富的招聘人员，也未能真正掌握精准面试、精准判断的方法。有些面试官虽然了解人才画像，但因为没有掌握面试方法，在进行面试判断时会出现很多问题。

某次认证现场，认证结束后认证官与面试官进行了如下交流。

认证官：对这位候选人的整体判断是什么？

面试官：她之前在国外的公司有就职经历，也能帮助客户顺利完成交易，我感觉还是能够达到我们要求的。

认证官：根据人才画像要求，各素质项评价结果如何？

面试官：感觉没有体现出来太多，虽然一直在问她，但好像也没有说出来太多，如影响沟通，问了她，她讲的事例好像跟这个没太大关系。

认证官：是什么原因认为她可以通过呢？

面试官：其实我在她身上看到了自己的影子，在国外读书不容易，在当地找份工作也很困难，她应该在那段时间做了很多努力。还有就是这个岗位招了挺长时间了，她的学历背景也不错，还是想给她个机会试试。

认证官：如果拿她和在职的员工比较，感觉处于怎样的位置？

面试官：跟其他人都不太一样，但能力可能勉强达到目前员工的平均水平吧。

虽然面试官了解招聘岗位的人才画像，但因没有采用正确的面试方法，在判断中受到个人主观经验的影响。

"一个人过去成功的行为，是预测其未来能否成功完成该行为的最好依据。"行为面试法，是面试官通过要求候选人描述其过去某个工作或生活经历的真实情况，来了解和判断候选人素质能力水平的方法。面试中，面试官会根据候选人过去行为中表现的素质能力高低，推测候选人未来的行为表现。

例如，针对"分析判断"这一素质项。如果面试官根据候选人过往学历、工作背景做出主观判断，"他之前曾在《财富》世界 500 强企业做过市场分析岗位，分析判断肯定没问题"，或者"他毕业于知名高校金融系，肯定特别聪明，胜任这个岗位肯定没问题"，这样的判断是无法识别出真正具备"分析判断"素质的人才的。但如果候选人能够通过实际案例，说明其如何通过现象识别问题本质，并形成有效的解决方案，就能有效证明该候选人具备分析判断能力。

对于素质项的提问，一般采用"你+最需场景+期望结果+事例"来设计提问话术。通过构建最需要素质项的场景，了解候选人本人的行为表现。分析判断素质考察行为面试提问话术如表 1-7 所示。

表 1-7　分析判断素质考察行为面试提问话术

分 析 判 断	1. 请分享，你比别人更快做出分析判断，帮助组织做出行动决策的事例
	2. 请分享，在过往遇到的最紧急情况下，你做出准确判断的事例
	3. 请分享，面对最复杂形势，别人束手无策，你做出正确分析和判断的事例

根据候选人对于提问的回答，基于 STAR 面试法展开追问，就可以充分了解候选人的真实情况，做出精准判断。

具体提问与追问方法可以参考《人才画像：让招聘准确率倍增》第五章、第六章内容，文中提炼的提问、追问常见错误也值得参考关注。

没有正确使用测评工具

越来越多的企业在外部招聘、内部选拔中使用测评工具。尤其在校招中，大型企业往往会在网申阶段进行性格测评，尽早对人才进行初步判断。但企业在应用性格测评中会有一些常见的困扰。

"在面试什么阶段使用性格测评？"

"这个人的性格测评结果看起来不好，是不是直接就淘汰了？"

华域集团是一家医疗检测公司，在使用性格测评之初，因为面试官没有掌握测评应用方法，也为了节省成本，便选择在终面结束后让候选人完成一份性格测评。但很快在招聘华北地区负责人时出现了棘手的情况。候选人在整个面试过程中表现优异，但测评结果显示他在亲和性维度得分明显偏低，面试官关注到了这一测评结果，犹豫是否要录用该候选人。地区负责人属于中层管理者，亲和性水平相对基层人员的要求更高，作为承上启下的角色，向上向下管理都很重要。而且作为"空降"人员，能否融入团队存在风险。如按照正常面试流程，已经没有机会再与候选人就这一情况进行验证确认。人力资源经理随即与我们联系，希望我们提供一些建议。

在我们强烈建议下，华域集团又对该候选人进行了一轮补充面试。加试中面试官对其组织协作进行了深度追问，后来发现在以往的工作经验中，候选人更像是"独狼"，个人的业绩很好，但对团队的关注不足，出现冲突的时候也更加优先关注自己的利益。经过慎重考虑，华域集团决定放弃录用该候选人。

实际应用中，我们建议测评工具在面试中越早运用越好。在初试前测评工具可以发挥筛选功能进行"劣汰"，减少面试压力；初试、复试中提醒风险、支持决策，提升面试效率。应尽量避免在终面后进行性格测评，这时既没有帮助面试官做出判断，也无机会再对疑问进行确认，只能在将信将疑中完成对候选人的判断。

人才测评助力识别冰山下

美国军队一直在使用性格测评选拔士兵

性格测评在选人中的应用有着上百年的历史，最早的应用场景是美国军队用于选拔优秀的士兵，之后逐步扩展到更广泛的应用领域。

第一次世界大战时期，战争催生了美国军事心理学的发展。1917 年，美国成立了 17 个战争心理学问题委员会，动员了约 500 名心理学家从事军事心理研究，对新兵的心理测验与选拔、军官的心理评定训练与军中的心理、情绪不稳定人员的心理等问题展开了广泛研究。他们通过《美国陆军甲种测验》进行智力测验，通过"个人资料调查表"（Personal Data Sheet）进行性格测评，对招募的 172 万名士兵进行了测试、挑选和分类，筛选剔除那些智力无法达标、严重的精神病患者，降低了训练成本，增强了战斗力。这是心理测验应用于人才选拔和招聘的第一次实践。

随着测评在军队中实践应用的不断深入，美国军队的人格测评工具更倾向于性格测验。20 世纪 70 年代，受到心理学整体发展的影响，军队人格测验也进入了蓬勃发展阶段。1982 年，作为一项由美国国会授权的针对评估和加强陆军人员选拔和分类的"A 计划"的一个分支项目，陆军研究人员设计了一项新测验——《个人背景与生活经历评估》（ABLE），帮助军队了解应征者性格特质，并用其预测未来的工作绩效。经过长时间的验证表明，ABLE 是陆军士兵选拔中行之有效的测量工具。2001 年，为了规避 ABLE 作为自评问卷无法避免的作假现象，美国陆军研究人员基于 ABLE 开发出了"个人动机评估"（AIM ）这一采用迫选式测量的测评工具，提升了测验真实性。

AIM 以大五人格理论为基础，通过同时展示多个行为描述让候选士兵选择哪个行为最符合自己、哪个描述最不符合自己，来评估士兵的性格特质。AIM 一经开发，在士兵选拔中即得到了深度应用，该项目在美国军队的应用相当成功。其评价结果对行为表现（Knapp，Mclocy & Heffner，2004）、一年后晋升表现（Sager，Sun & Putka，2007）等有着良好的预测力。选拔中 AIM 结果高于门槛值的士兵，其流失率与美国高中学生流失率基本持平，未达到门槛值的流失率则高达 60%（Young & White，2006）。

性格测评提升 14%选人准确率

早在 20 世纪八九十年代，很多学者就性格测评对企业中员工业绩表现的预测力进行了研究。1998 年，弗兰克·施密特通过对过往 85 年来大量相关研究的综合分析，总结了 19 种预测工作业绩的方法/工具对人才选拔准确度的预测力。结果发现，仅凭工作经验选拔人才，其选拔的准确率仅有 18%，仅凭受教育背景，其选拔的准确率仅有 10%，但结合认知能力与性格测评的方法进行选拔，其预测力达到 65%（见图1-2）。具体来看，即使在应用认知能力测评的基础上，应用性格测评仍能提升 14%的预测力。

有效预测绩效的大五人格测评

商用测评所使用的测评工具中，绝大多数以大五人格理论为理论基础。大五人格理论是世界上被应用的较多的人格理论。

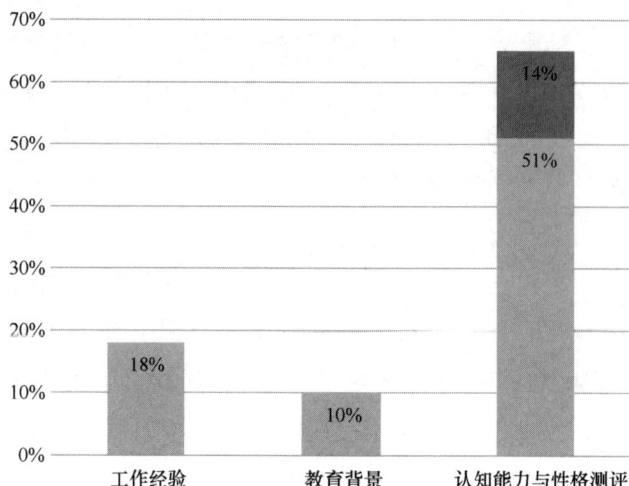

图 1-2　不同选拔标准的选拔准确率

所谓大五人格理论，来自心理学家的研究发现。奥尔波特等人于 1936 年从《韦伯斯特大词典》中挑选出了 17953 个描述人格的词汇；1949 年卡特尔对这些词汇进行了筛选，形成了 160 个同义词、反义词配对；1949 年费斯克基于卡特尔的筛选进行了因素分析，第一次获得了五个人格因素，随后很多心理学家进行了类似研究，均得出了相对稳定的五个人格因素特征，并在不同地区的人群身上获得了相同的答案，即人格特质都可以从情绪稳定性、外倾性、亲和性、思维开放性、尽责性五大维度进行说明，由于五大维度英语首字母可以拼成 OCEAN，大五人格理论又被称为人格的海洋。DR01（德锐人才性格测评）也是基于大五人格理论开发的（见图 1-3）。

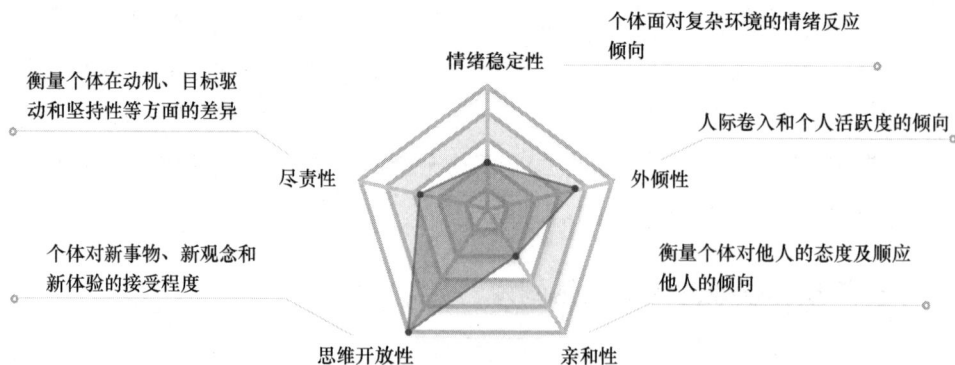

图 1-3　德锐人才性格测评的大五维度

早在 20 世纪 80 年代，心理学家们就开始不断地探索大五人格对工作绩效的预测效果，随后大五人格理论就开始运用于人才选拔。赫尔茨和多诺万 2000 年对 1974—1997 年对于大五人格与绩效关系的 26 项实验进行了综合分析，结果显示尽责性对业绩表现的预测性最高（见图 1-4），对于不同岗位尽责性的预测力可以达到 15%～26%，其中对销售与客户服务人员的业绩表现预测力最高（见表 1-8）。

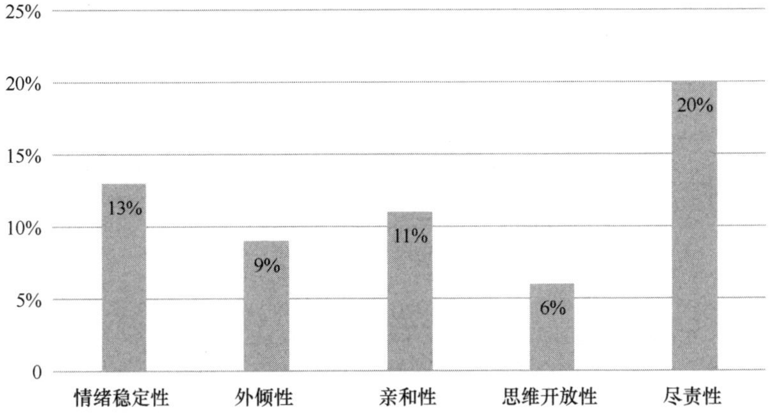

图 1-4　大五人格测评中的五个维度对业绩的整体预测表现

表 1-8　大五人格测评中的五个维度对不同岗位的业绩预测力

	销 售 人 员	客 户 服 务	经 理	技 术 人 员
情绪稳定性	13%	12%	12%	8%
外倾性	15%	11%	12%	1%
亲和性	5%	17%	−4%	10%
思维开放性	4%	15%	−3%	−2%
尽责性	26%	25%	17%	15%

这意味着，通过大五人格理论为基础的测评工具，可以根据岗位特征对业绩表现进行有效预测，帮助企业识别最有可能胜任岗位的候选人。

越来越多的企业使用性格测评

基于冰山模型理论的不断传播，企业越来越意识到冰山下特质的重要性，也不断寻求各种方式对候选人的冰山下特质进行评价。性格特质属于冰山下重要部分，而且深深影响着个体的工作行为方式，并且具备跨情境的一致性、跨时间的稳定性等特点，针对性格的测评在企业招聘中的应用越来越广泛。

《2021 年人力资源数字化建设水平和转型能力调研报告》中提到，企业经营管理层对人才测评的需求比例高达 72.7%，排在所有需求中的第 9 位（见图 1-5）。

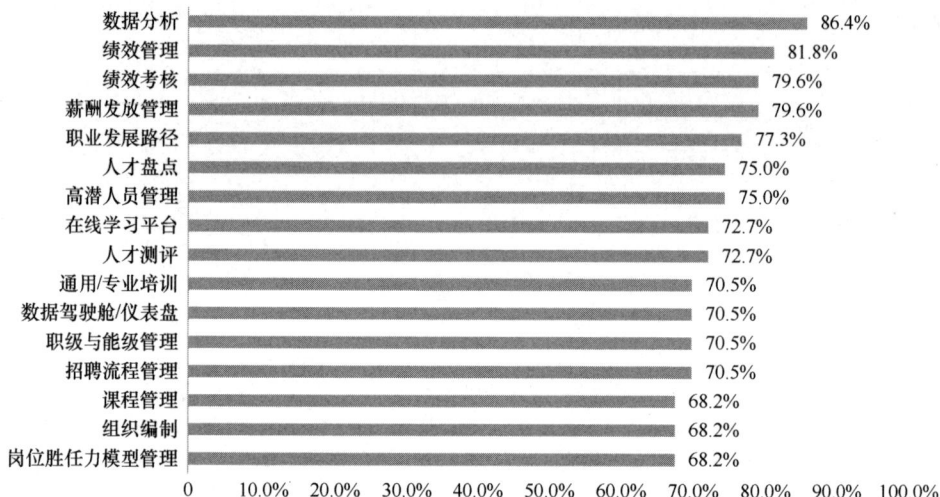

图 1-5　企业经营管理层人力资源业务需求情况（仅列举前 16 个）

《2021 中国企业校园招聘白皮书》数据显示，2019—2020 年 14% 的企业在校招中应用个性化测评，2020—2021 年这一比例增长到 19%（见图 1-6）。企业在人才选拔中的测评需求，以肉眼可见的速度在增长。

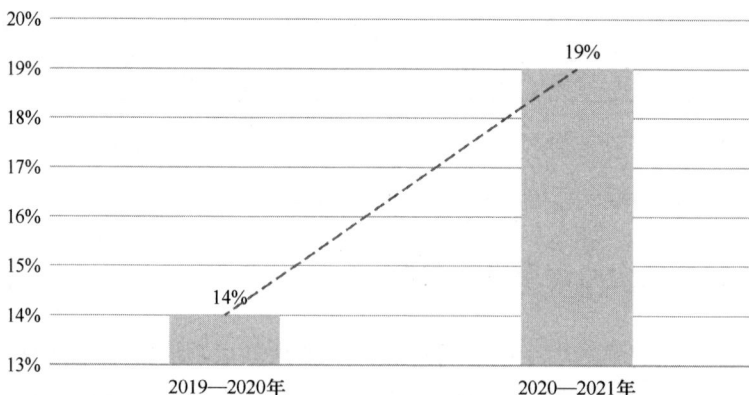

图 1-6　校招企业近两年使用个性化测评的比例

对德锐咨询过往应用测评产品的客户进行分析，95%的客户将测评应用于招聘环节。

既然企业对于人才测评有着明确的需求，那么到底应该选择什么样的测评？如何运用测评工具建立人才画像，如何打造企业自己的定制化测评工具，管理者如何应用测评工具辅助做出面试决策，将是本书重点阐述的问题，在后面的章节中一一道来。

⇨ 关键发现

1．招错人的最大损失是机会损失，达到招错人带来的损失的70%。

2．作为领导者最大的错误莫过于以为问题会随着时间的推移自行解决和自动消失。招错人带来的损失需要及时止损，避免持续的损失。

3．冰山上的特质虽然简单、易判断，但规避选人损失的关键是选对冰山下的特质。

4．企业中当前绩优者的特点，就是未来招聘的要求。

5．冰山下的标准不准确的原因主要是不全面及没有针对岗位特征提炼。

6．行为面试法与测评工具相结合是正确评价冰山下的特质的关键。

7．即使在认知能力测评的基础上，性格测评仍能提升14%的预测力。

8．大五人格特质可以有效预测绩效表现，其中尽责性对业绩表现的预测性最高。

第二章

人才测评进入定制化时代

> 我们的事业是什么，并非由生产者决定，而是由消费者来决定的，是由客户购买产品或服务时获得满足的需求来定义的。
>
> ——彼得·德鲁克

福特汽车以标准化程度极高的 T 型车，让美国大多数家庭第一次买得起汽车，也让福特公司快速发展。通用汽车则提出，"我们造的汽车要满足每个钱包的不同要求"。通过更丰富的颜色、更个性化的车型征服客户，通用汽车最终超越了老牌福特。不同时代，客户的需求在变化，从整体趋势来看，在满足标准化的需求之后，客户的需求总是会更加个性化。

企业应用测评工具也是如此，随着企业对测评工具的认知与应用更加深入，对测评工具的要求也越来越高，通用式的测评工具已经无法满足部分企业的需求，只有根据企业需求量身定制的测评，才能真正解决企业的选人问题。但并不是所有的企业都能做到在通用式测评与定制化测评之间二选一，毕竟还有很多企业仍然处于测评应用的从 0 到 1 阶段，也还有些企业并没有进入测评应用的专业领域，在使用着一些卡通式的测评工具。

在日常生活中，人们总是喜欢用血型、星座、属相等好玩的"测评工具"将自己和他人分类，并乐此不疲地分享着自己的发现，预测着彼此的未来。这些工具在日常生活中作为娱乐消遣的方式，满足猎奇的心态尚可，但不能作为企业选人用人的依据。这一类测评，我们将其称为卡通式测评。

为解决精准识人问题，也有越来越多的企业引入了各种基于心理测量理论开发的性格测评工具。这一类测评工具大多数有坚实的专业理论支撑，标准化程度较高，较难为特定的需求而做出针对性调整。对于一般管理者来说，也有着较高的应用门槛，大多数时候，应用者局限于少数人力资源专业人员。这一类测评，我们将其称为通用式测评。

相比于通用式测评，定制化测评同时解决了专业性与应用性问题。在专业理论的基础上，从企业关键岗位需求出发，提炼定制化人才画像，定制化测评常模与测评核心结论，以企业语言习惯定制测评报告内容。这让测评结果不仅好读，而且针对岗位需求一步到位，还简化了理解难度，降低了应用门槛，让测评工具真正为管理者所用，赋能管理者成为优秀识人专家。

⇨ 告别卡通式测评

好玩有趣但无参考价值的卡通式测评

"这个候选人是处女座的，我跟这个星座的人合不来。"

"属猴的跟我很配，我们团队里就缺一个属猴的。"

"之前找人算过，属羊的和公司相克，这些年份投简历的时候都注意一下。"

"这个人 B 型血啊，我之前接触过几个 B 型血的，感觉不太好，还有没有其他候选人？"

这看起来像是开玩笑的话，在我们与面试官、管理者交流时，却偶有听到——有些是面试官们真的有此想法，有些时候，是因为面试官们没有更好的判断依据，就为自己找到了一个凭主观感觉选人的标准。生活中人们容易被经历相似、兴趣相投、三观一致的人所吸引，也可能因为生日年月、星座、属相等建立一些特别的连接与好感。但将这些带有强烈个人喜好的评价方式应用于理性至上的招聘工作是十分不合适的。对于企业来说，无形中缩小了选人喇叭口。基于错误的标准会使企业错失胜任这个岗位的人才。带有歧视色彩的评价方式对企业雇主品牌形象有极大的伤害。

除了星座、属相、血型、笔迹、指纹等，还有网上公开的一些趣味性的小测评，这些测评的信效度没有得到过验证，娱乐性大于实用性，我们将之统称为卡通式测评，是不能用于正式的人才选拔的。因为这些测评方法对于人员招聘和人员选拔并无实际被验证过的价值。

对号入座的"自我归因效应"

众多研究发现，星座和人格特质之间不存在明显的相关关系。但为什么有些人对星座深信不疑？心理学家们做了一系列研究，其中一项研究发现，一旦人们得知参与的实验与星座有关，了解星座知识的人就倾向以符合自己星座特点的答案来作答题目，但如果这个人不了解星座知识，则无论是否知道实验与星座有关，在作答时更倾向于根据实际情况作答。这意味着，并不是星座决定了人格特征，而是了解的星座知识引导人们相信自己具有那样的人格特质。这是一种典型的"自我归因效应"。

迷惑人的"巴纳姆士效应"

面对星座的分析描述，有时人们不禁感叹"这说的就是我啊"。这种现象确实存在，并被称为"巴纳姆士效应"。"巴纳姆士效应"是指一个看似很具体的描述，其实涵盖了人类的很多共性，如大多数人都需要被别人欣赏，都希望自己的生活丰富多彩。大多数对于星座的描述都符合"巴纳姆士效应"。有研究者发现，当给人们呈现与星座相关的人格描述时，如果运用了"巴纳姆士效应"的描述，那么无论这个描述是否与常见的星座描述一致，人们都会认为这种描述更符合自己（自己对应的星座）。

除以上提到的"自我归因效应""巴纳姆士效应"，人们也容易由于星座描述中的社会赞许性的话语、满足自己的心理需求等认为星座结果是准确的。但更多的实证研究发现，星座无法有效预测人格倾向。

2005 年，苏丹、郑涌对中国大学生群体，进行了不同星座的人格特质差异的对比研究，其结果发现不同星座的人们并没有表现出明显的性格差异，星座无法决定性格倾向。因此，对于企业来说，星座无法稳定地对员工的性格、行为、业绩表现进行预测，也就无法应用于人才选拔。

与星座类似，其他卡通式测评，引起应用者注意或误信的机制大同小异，但凡没有经过信效度验证的测评工具，均无法真实预测个人的性格与行为。虽然这些卡通式测评神秘且看似有效，但无法帮助人们准确识人，只能作为大家生活中的一个小娱乐工具。

选择正确的通用式测评

通用式测评以标准化产品形式出现，可以通过使用同一套测评工具解决不同企业、不同岗位的测评需求。当前市场中常见的国内外的性格测评工具众多且应用范围很广。例如，能力测试偏好测试报告（Talent Q）、职业性格测评（Occupational Personality Questionnaire，OPQ32）、迈尔斯-布里格斯类型指标（Myers-Briggs Type Indicator，MBTI）、行为特质动态衡量系统（Professional Dyna-Metric Programs，PDP）、WBI、北森全面人格测评、倍智大五职业性格测评、德锐人才性格测评（DR01）等。

不同于卡通式测评，通用式测评大多是具备专业理论背景的测评工具。一方面，由于一些国家对于测评工具应用于人才选拔有着严格要求，避免可能的性别、种族歧视，大多数商用通用式测评基于被验证过的学术理论开发，保证了测评工具底层逻辑的合理性与有效性。另一方面，通用式测评具有标准化题库、标准化作答方式，有利于大批量数据积累，保证了测评工具能够持续优化迭代。因此，大多数通用式测评具有被验证的信效度，以及长时间的应用经验，测评结果的有效性得到了很多企业的认可。也正因为其基于专业的心理测量学理论，通用式测评工具往往在理解和应用上有专业门槛，需要使用者进行专门的学习。

通用式测评在面试中的运用，包含建立标准、对标标准、对候选人做出判断几个步骤：

（1）结合岗位要求，明确岗位的关注特质；

（2）关注候选人在岗位对应关键特质上的表现，了解候选人核心优劣势；

（3）结合行为面试法，对候选人的优劣势进行验证、确认；

（4）最终结合面试考察结果与性格测评报告结果做出判断。

不难发现，想要在招聘中成功应用测评，面试官需要正确理解测评维度的定义与相关的行为表现，能够基于岗位要求找准对应的性格维度，掌握基于关键性格特质进行提问、追问的方法。因此，在应用通用式测评方面，管理者需要经过专业的培训与相当长时间的练习，才能保证应用效果。

特质论与类型论的不同之处

常见的通用式性格测评，可以归为类型论与特质论两大类型。

典型的类型论测评包括 MBTI、PDP、九型人格、DISC 等，其特点是根据性格特点对人进行分类、分型。

作为类型论测评，MBTI 从外倾-内倾（E-I）、感觉-直觉（S-N）、思考-情感（T-F）和判断-知觉（J-P）四个维度，组合出 16 种性格类型（见表 2-1），根据个人在四个维度上的典型特征确认个人所属性格类型。可以看出，类型论性格测评的优势是通过分类分型，很容易将被测评者归于某个类型，也很容易建立对被测评者的第一印象；而可能的风险在于，人是复杂的，并不是将人归于某一类型后，就真正了解这个人了。

表 2-1　MBTI 的 16 种类型

ISTJ	ISFJ	INFJ	INFP
稽查员	保护者	咨询师	治疗师/导师
ESTJ	ESFJ	ENFJ	ENFP
督导	供给者/销售	教师	激发者
ISTP	ISFP	INTJ	INTP
演奏者	艺术家	科学家	设计师
ESTP	ESFP	ENTJ	ENTP
发起者	表演者	调度者	发明家

典型的特质论测评如 Talent Q、OPQ32、DR01，其特点是对个人在每个性格特质上的程度进行单独评估与报告，并不会根据性格特质对人进行分类。

作为特质论测评，DR01 以大五人格理论为基础，包含情绪稳定性、外倾性、亲和性、思维开放性、尽责性五大维度，并基于五大维度分解出 24 个典型工作行为对应的子维度。在非定制的状态下，测评报告会标准化地呈现受测者的五大性格特质，以及 24 个子维度在常模数据中的所处位置（见图 2-1）。

总结对各种性格测评工具的使用经验，结合众多对于两类测评工具的研究，我们提炼了类型论与特质论测评工具的优劣势（见表 2-2）。

结合优劣势，德锐认为类型论测评不适用于选人场景，原因主要有三：原因一，类型论测评信效度受到质疑；原因二，类型论测评无法全面识别人才优势、风险；原因三，类型论测评无法形成基于岗位特征的人才画像。

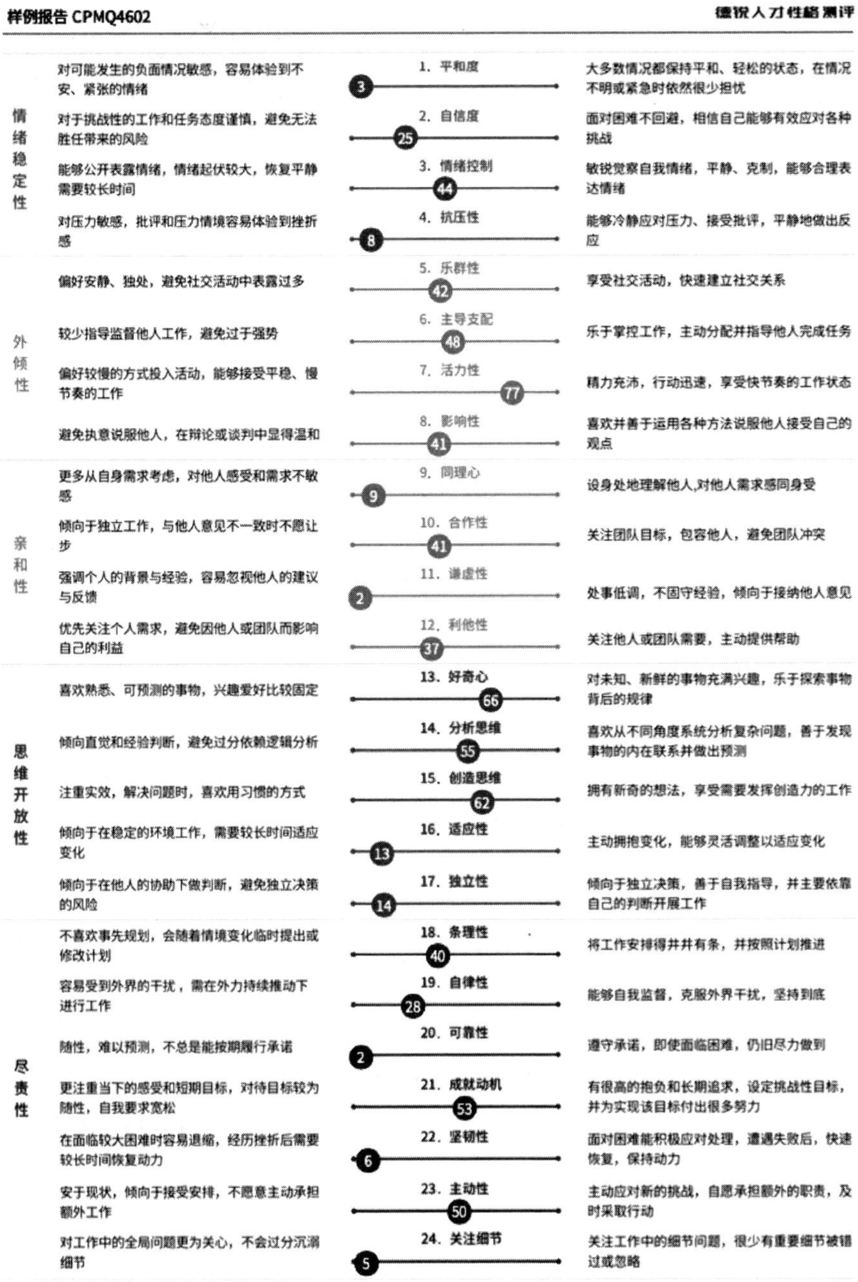

样例报告 CPMQ4602　　　　　德锐人才性格测评

维度	低分描述	特质（得分）	高分描述
情绪稳定性	对可能发生的负面情况敏感，容易体验到不安、紧张的情绪	1. 平和度 (3)	大多数情况都保持平和、轻松的状态，在情况不明或紧急时依然很少担忧
	对于挑战性的工作和任务态度谨慎，避免无法胜任带来的风险	2. 自信度 (25)	面对困难不回避，相信自己能够有效应对各种挑战
	能够公开表露情绪，情绪起伏较大，恢复平静需要较长时间	3. 情绪控制 (44)	敏锐觉察自我情绪，平静、克制，能够合理表达情绪
	对压力敏感，批评和压力情境容易体验到挫折感	4. 抗压性 (8)	能够冷静应对压力、接受批评，平静地做出反应
外倾性	偏好安静、独处，避免社交活动中表露过多	5. 乐群性 (42)	享受社交活动，快速建立社交关系
	较少指导监督他人工作，避免过于强势	6. 主导支配 (48)	乐于掌控工作，主动分配并指导他人完成任务
	偏好较慢的方式投入活动，能够接受平稳、慢节奏的工作	7. 活力性 (77)	精力充沛，行动迅速，享受快节奏的工作状态
	避免执意说服他人，在辩论或谈判中显得温和	8. 影响性 (41)	喜欢并善于运用各种方法说服他人接受自己的观点
亲和性	更多从自身需求考虑，对他人感受和需求不敏感	9. 同理心 (9)	设身处地理解他人，对他人需求感同身受
	倾向于独立工作，与他人意见不一致时不愿让步	10. 合作性 (41)	关注团队目标，包容他人，避免团队冲突
	强调个人的背景与经验，容易忽视他人的建议与反馈	11. 谦虚性 (2)	处事低调，不固守经验，倾向于接纳他人意见
	优先关注个人需求，避免因他人或团队而影响自己的利益	12. 利他性 (37)	关注他人或团队需要，主动提供帮助
思维开放性	喜欢熟悉、可预测的事物，兴趣爱好比较固定	13. 好奇心 (66)	对未知、新鲜的事物充满兴趣，乐于探索背后的规律
	倾向直觉和经验判断，避免过分依赖逻辑分析	14. 分析思维 (55)	喜欢从不同角度系统分析复杂问题，善于发现事物的内在联系并做出预测
	注重实效，解决问题时，喜欢用习惯的方式	15. 创造思维 (62)	拥有新奇的想法，享受需要发挥创造力的工作
	倾向于在稳定的环境工作，需要较长时间适应变化	16. 适应性 (13)	主动拥抱变化，能够灵活调整以适应变化
	倾向于在他人的协助下做判断，避免独立决策的风险	17. 独立性 (14)	倾向于独立决策，善于自我指导，并主要依靠自己的判断开展工作
尽责性	不喜欢事先规划，会随着情境变化临时提出或修改计划	18. 条理性 (40)	将工作安排得井井有条，并按照计划推进
	容易受到外界的干扰，需在外力持续推动下进行工作	19. 自律性 (28)	能够自我监督，克服外界干扰，坚持到底
	随性，难以预测，不总是能按期履行承诺	20. 可靠性 (2)	遵守承诺，即使面临困难，仍旧尽力做到
	更注重当下的感受和短期目标，对待目标较为随性，自我要求宽松	21. 成就动机 (53)	有很高的抱负和长期追求，设定挑战性目标，并为实现该目标付出很多努力
	在面临较大困难时容易退缩，经历挫折后需要较长时间恢复动力	22. 坚韧性 (6)	面对困难能积极应对处理，遭遇失败后，快速恢复，保持动力
	安于现状，倾向于接受安排，不愿意主动承担额外工作	23. 主动性 (50)	主动应对新的挑战，自愿承担额外的职责，及时采取行动
	对工作中的全局问题更为关心，不会过分沉溺细节	24. 关注细节 (5)	关注工作中的细节问题，很少有重要细节被错过或忽略

图 2-1　DR01（德锐人才性格测评）局部

表2-2　类型论与特质论测评工具的优劣势

	基于类型论的测评工具	基于特质论的测评工具
代表工具	MBTI、DISC、PDP、九型人格	OPQ、TalentQ、WBI、DR01
优势	• 应用于基础的自我认知 • 应用于团队建设角色分工 • 有趣味性、容易传播	• 信效度高 • 能够有效预测与业绩相关的行为表现 • 可根据岗位要求进行针对性报告
劣势	• 无法有效预测个人行为表现 • 不宜应用于招聘与人才选拔 • 标签化	• 报告理解需要一定专业知识 • 趣味性低，不易记忆

类型论测评不能作为选人依据

原因一：类型论测评信效度受到质疑

信效度看起来是一个专业词汇，但其含义非常简单。

使用者希望测评工具在针对不同人与不同时间被使用时，其结果是稳定的，这种结果的稳定性就是信度。

使用者希望通过测评准确衡量作答者的行为倾向，进而预测其未来的行为表现，这就是测评工具的效度。

信效度决定了测评工具的有效性，但沃顿商学院教授、组织心理学家亚当·格兰特对类型论测评 MBTI 的信度提出了质疑。2013 年亚当·格兰特前后两次完成了 MBTI，前后两次结果分别是 INTJ（内倾-直觉-思考-判断）和 ESFP（外倾-感觉-情感-知觉）。这一相差巨大的测评结果表明，MBTI 的重测信度存疑，无法稳定预测作答者的特点。

管理学研究者威廉·加德纳和马克·马丁克在其一篇研究综述中写道："研究者并未发现人格类型能够有效预测管理中的表现。"

同时 MBTI 在使用手册中也有这样的表述："MBTI 不是为了测量人格特质而设计的，因此不应当被当作人员选拔工具。"

原因二：类型论测评无法全面识别人才优势、风险

类型论测评最大的特点就是对人进行归类，其结果非此即彼。

归于某一类型后，被测评者清楚自己属于哪种类型，却很难了解自己在其他类型上的水平。每种类型的优劣势均基于类型特点提炼，所以测评报告只能展示被测评者所属性格类型的优劣势，无法全面表明个人的优劣势。

原因三：类型论测评无法形成基于岗位特征的人才画像

类型论测评的假设是，同一类型的人是相似的，某一类型的人的行为与其他类型的人的行为存在明显差异。基于这一假设，类型论测评无法基于岗位特征形成针对性的岗位画像，只能将岗位套用于有限的类型中。

以门店店长的画像为例，基于类型论性格测评，商超店长和餐饮店长的典型画像大概率会被归属为同一类型。但通过特质论性格测评的对比发现，商超店长和餐饮店长拥有不同的性格特质，两个岗位间的人才画像存在明显差异。因此，应用类型论测评，就意味着无法咬合人才画像做出预测，对选人的支持作用也就大打折扣。

特质论测评更适合用于选人

相较于类型论测评工具把被测评者归属为某种特定类型，基于特质论的性格测评工具避免了简单地归类，而是全面展示被测评者的性格特质，并展现其特质的量化水平。这种对于被测评者的性格特质进行全面、客观和量化的描述，更适合用在选人场景中。

以情绪控制这一性格特质为例，如图 2-2 所示，受测者在该维度上为 21 分，左侧的行为描述更为符合受测者的性格特质——"能够公开表露情绪，情绪起伏较大，恢复平静需要较长时间"。

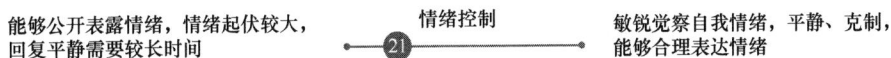

能够公开表露情绪，情绪起伏较大，   情绪控制   敏锐觉察自我情绪，平静、克制，
回复平静需要较长时间   ●━━━ 21 ━━━●   能够合理表达情绪

图 2-2　DR01（德锐人才性格测评）情绪控制维度

特质论测评具有更好的信效度

特质论性格测评多以被实证研究的学术理论为基础。

大五人格理论是特质论性格测评应用最为广泛的理论基础，大五人格理论具有高信效度及跨文化的一致性，其对业绩表现的预测作用，也获得了众多实证研究结果的验证。

以 DR01（德锐人才性格测评）为例，大五维度信度为 0.83～0.95，子维度信度中位数为 0.82，远高于美国心理学会（APA）建议的信度标准 0.70。

特质论测评可以全面识别人才优势、风险

不同于类型论，特质论测评能够量化报告各特质的相对水平。任意维度过低或过高都能够体现出一定的优势与风险。

以大五人格特质中的同理心为例，同理心强的人，更容易设身处地为他人着想，但在做决策时容易受到人际压力犹豫不决；同理心弱的人，容易给人忽视他人感受的感觉，但在做决策时可以更为果断。由此类推，各维度的优势与风险在特质论测评中充分展现，不会因被归入某个类别而形成刻板印象，帮助面试官更加客观地识别候选人。

特质论测评能够基于岗位建立定制化人才画像

大五人格理论的来源之一是词汇学，词汇学的研究认为，重要的人格特质会在语言中体现，越重要的特质，就越有可能被提炼成一个词语。20 世纪40 年代，心理学家们对词典中所有与性格相关的词汇进行了筛选、提炼，获得了五个人格因素，这就是大五人格理论的来源。随后，心理学研究者相继在不同地区、不同种族中验证，结果表明，大五人格能够体现不同文化背景下群体的人格特质。

由此可见，基于大五人格理论开发的测评工具，其报告结果也能够覆盖所有岗位的关键要求。实际应用中，也可以根据岗位要求对性格特质进行灵活组合，形成岗位的标准，对人才的岗位匹配性进行分析。

选择正确的通用式测评，能够有效帮助面试官快速识别作答者的特点，但不可忽视的是，因为通用式测评报告在理解上需要一定专业知识且内容较多不易记忆，管理者很难掌握，因此在企业中不易推广，往往变成人力资源部的"自用工具"。为了解决这一问题，定制化测评的形式就出现了。

⇨ 定制化测评用于面试决策

凡是基于心理测量学理论开发出来的通用式测评，可以为企业选人所用。但为了降低专业门槛，让测评真正赋能面试官，定制化测评应运而生，并成为企业测评应用的未来趋势。通用式测评与定制化测评特点对比如表 2-3 所示。

表 2-3　通用式测评与定制化测评特点对比

通用式测评特点	定制化测评特点
信息全，但缺乏针对性	基于岗位人才画像，结果更有针对性
通用式常模，缺乏岗位相对水平的描述	基于岗位的常模数据，结果更加精准
专业门槛高，理解难度大	本企业的语言，易于理解掌握

我们收集了管理中大家对定制化测评的需求，大多数企业需要的不仅是一份带着企业 Logo 的测评报告，而是从人才标准开始的一套适合企业的测评方案。定制化测评方案旨在：①帮助企业建立人才标准；②用企业自己的语言在系统中实现定制化报告；③赋能面试官掌握测评工具，借助测评进行行为面试法提问、追问做出面试决策。企业对定制化测评的需求如图 2-3 所示。

企业定制化测评工具最想定制的是哪些方面

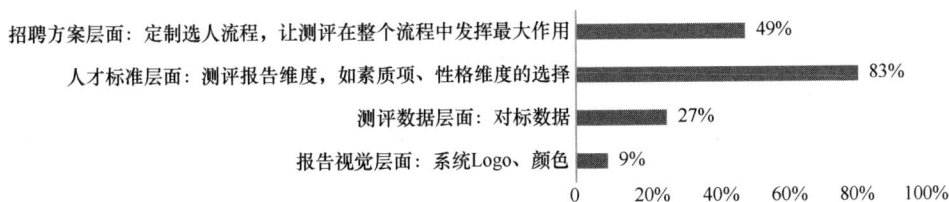

图 2-3　企业对定制化测评的需求

定制化测评更有针对性

通用式测评为了能够适应多种岗位、多种场景，报告呈现信息全面，但不具备针对性。如何在短时间内让管理者快速把握关键信息，快速掌握并应用，是测评工具要解决的关键问题。

想象面试的场景，作为研发部门的面试官，你正在面试一位研发岗位的候选人。这时，你更希望看到一份信息全面而冗长的测评报告，还是精简且直接与研发岗位匹配的测评报告？答案显而易见。面试官在面试时多数在思考这样的问题：

"这个岗位最需要具备的素质是什么？"

"这个候选人在这些素质上的表现怎么样？"

"我怎么快速了解这个人的实际情况，以确定他与岗位的匹配性？"

相比于通用式测评，定制化测评更能解答面试官的这些问题；相比于通用式测评，定制化测评的内容更少而不是更多；相比于通用式测评，定制化测评的内容匹配岗位而不是全面覆盖。

每家企业应用测评的岗位不同，而且岗位要求不同，而定制化测评将通用式测评的结果进行了总结和整合：基于岗位人才画像进行定制报告，核心内容围绕候选人与人才画像匹配度展开，精准切入识人需求，帮助面试官快速了解候选人在关键素质上的优势与风险。

定制化测评更精准

测评结果的精准与否，受测评有效性及常模代表性的影响。

测评有效性是指测评能够准确测出个人性格特质的真实程度，定制化测评以被验证过有效性的测评工具为基础，其自身有效性已得到了保障。常模代表性是指报告个人测评结果时，如果只报告个人绝对分数是无法判断这个人的分数是高还是低的，因此需要将个人分数与群体水平相对比，而后报告其相对水平才能对个人状态一目了然，那这个群体就是常模群体，群体水平就是常模，当常模来自我们想要对比的群体时这个常模就是具有代表性的。举例来说，在某项专业考试中，小德获得了 70 分，这个绝对的分值并没有太大参考价值，关键是看其他人的分数。如果和小德同层级的人的平均分是 60 分，比小德高一层级的人的平均分是 80 分，则这时小德在同层级中表现十分突出，但与高一层级的人对比，小德的成绩就偏低了。如果看小德在当前岗位的胜任度，那就可以选择同层级的人作为对比群体，并且说明小德的表现还不错。但如果考察小德的晋升潜力，就需要把小德与高一层级的人相对比了，那小德还有一些成长空间。

通用式测评的常模的建立，多为从数据库中分层随机抽样测算而来，能够代表大多数人的情况，但无法针对特殊群体进行报告。定制化测评能够对标行业、岗位建立常模，甚至能够基于企业内部特定群体建立针对性的常模，精准体现候选人在某一群体中的位置。

除此之外，定制化测评能够设定参考门槛值。虽然根据定制化常模已经能够报告相对水平，但通过设置门槛值可以进一步体现企业当前胜任人员大多数人的分数位置。如果分数低于门槛值，就能做出在该素质项上，个人结果明显低于当前群体的判断，提醒面试官在面试中着重关注。德锐咨询顾问定制岗位画像报告示例如图 2-4 所示。

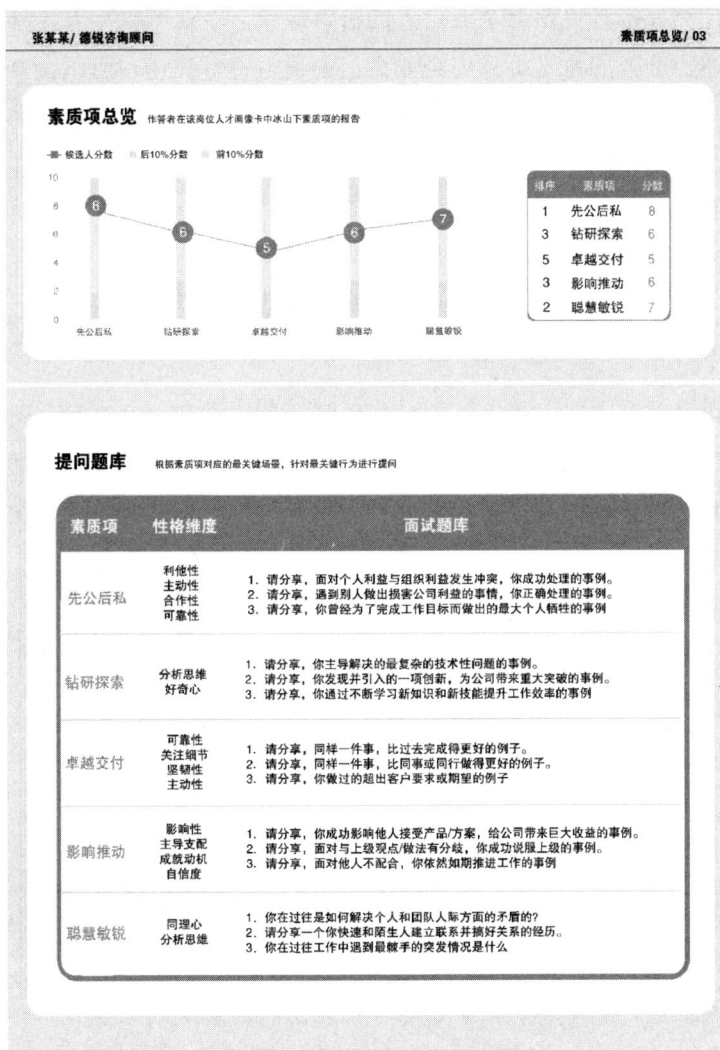

图 2-4　德锐咨询顾问定制岗位画像报告示例

定制化测评更易于掌握

通用式测评报告中的语言，多为心理学专业语言，一定程度上阻碍了管理者的应用。面试官读懂通用式测评，需要专门的学习培训，经过多轮尝试才能相对准确理解。相比于通用式测评，定制化测评报告的展示方式更加贴近应用实际。

定制化测评报告更贴近企业选人的日常场景，企业可以从人才画像标准、定义的描述、分数的意义等采用企业自己的语言进行描述。面试官直接就能读懂，并且很容易和自己理解的岗位画像做出对应，自然也就比较容易在面试中进行参考。定制化测评还能够针对特定岗位的人才画像提供对应的面试题库，打通测评与面试间的连接，让管理者拿来就用，在面试中针对明显风险与优势素质项进行提问，快速做出面试决策。

一个完整的定制化测评解决方案案例

定制化测评是通过一套完整的定制化测评解决方案，解决客户岗位画像共识、定制报告设计、面试能力提升等一系列问题，从根本上满足精准选人的需求。在实际操作定制化测评解决方案时，整个过程分为萃取岗位画像、定制岗位画像报告、增强行为面试三个步骤（见图 2-5）。可以从人才标准、测评报告、面试方法三个方面提升测评应用效果。

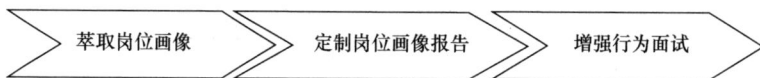

图 2-5　定制化测评解决方案三步法

> **用定制化测评打破用人怪圈**
>
> 受疫情影响，很多国外医疗器械公司的供应链吃紧，2020 年成为国内医疗器械公司发展的窗口期。
>
> 为抓住这个窗口期，朋伦公司对销售团队的需求越来越大。但由于销售对象为医院，专业门槛高，行业内优秀人才稀缺，销售团队的人员保留一直是一个难题。为此公司对销售人才招聘提出了更高的要求，将每月入职人数写入各大区销售总监的绩效指标中。但实施下来，效果不佳，在进人的速度加快的同时，员工的流失速度也在加快，朋伦公司在行业内被戏

称为"行业的黄埔军校"。

为了解决这一问题，2020 年夏天德锐咨询进驻朋伦公司进行了一系列调研和访谈。访谈中发现，朋伦公司的销售团队进入了用人怪圈。管理者在招聘时缺少清晰画像，年龄、家庭背景等不必要的冰山上标准无形中收紧了进人喇叭口；面临招聘指标与高流失率的双重压力，管理者在招聘过程中有时会放入一些不合适的人，以满足人员数量要求；员工入职后由于工作压力大，并且管理者无力带教，导致劣币驱逐良币，员工流失率居高不下，再次促发管理者更多地粗放招人。为了打破用人怪圈，德锐咨询从梳理岗位画像着手，为朋伦公司定制了测评报告，提高面试能力，从入口端解决这个问题。

第一步：萃取岗位画像

通过对优秀销售人员、销售总监共 14 人进行行为事件访谈（BEI 访谈），了解销售岗工作流程及工作挑战，收集绩优人员应对挑战时做出的具体努力，由此推导出胜任岗位工作的关键特质（见表 2-4）。

表 2-4　朋伦公司销售岗工作挑战及对应的性格特质

销售过程	挑战点	对应的性格特质
销售准备	目的不清晰，后续行动无章法，信息获取难	条理性、坚韧性
电话筛选	枯燥、工作量大、经常被拒绝，难以识别意向客户	坚韧性、活力性、分析思维
意向客户跟进	难以建立信任，很难发现真实需求，可能被拒绝	分析思维、坚韧性、影响性
创建解决方案	无法提供有吸引力的解决方案	分析思维、创造思维
达成交易	可能被拒绝，不善于利用资源，很难影响推动	坚韧性、影响性、主导支配
维护关系	长期关系建立不易，未能及时发掘复购需求	影响性、分析思维
综合特质	是否有强烈的动机支撑自己，是否有克服困难的信念	成就动机、自信度

根据连续两年的业绩达成率，取达成率前 30% 的人员为绩优，后 30% 的人员为绩差。对比两组群体 DR01（德锐人才性格测评），统计分析后发现两个群体在影响性、活力性、成就动机上的差异最大，在自信度、主动性、主导支配上的差异居中，在条理性、分析思维、创造思维上存在一定差异（见表 2-5）。这些维度即可视为绩优人员身上突出的特质。

表2-5　绩优、绩差人员得分差异

差异情况	子维度	绩优均分	绩差均分	Cohens'D
差异最大的	影响性	68.19	43.50	1.10
	活力性	58.88	35.87	0.97
	成就动机	60.47	37.40	0.97
差异居中	自信度	55.19	37.23	0.64
	主动性	62.97	46.73	0.62
	主导支配	51.88	36.93	0.57
有差异	条理性	55.00	42.00	0.48
	分析思维	67.22	57.03	0.42
	创造思维	67.94	59.83	0.41

注：Cohens'D 越大，两群体差异越大，>0.2 为存在差异，>0.5 为中等差异，>0.8 为差异明显，<0.2
为差异不显著

结合访谈与数据分析结果，组织销售团队管理者的小范围研讨，运用
朋伦语言，最终提炼出了人才画像——朋伦公司销售人员心选模型（见
图2-6）。心选模型由"二心""四力"组成，自信心、上进心要求销售人员
勇往直前拥有成就自己、突破自己的自我驱动力；学习力、耐挫力要求销
售人员主动学习，面对挑战不断突破；洞察力、影响力要求销售人员识别
客户需求并实现有效影响推动。当大家对这一模型鼓掌通过时，大家也就
对销售人员的岗位要求达成了一致。

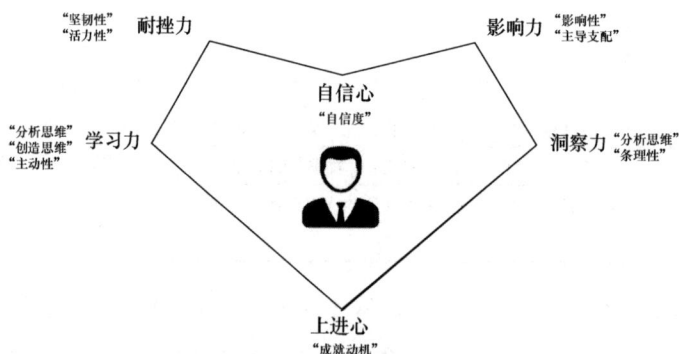

图 2-6　朋伦公司销售人员心选模型

第二步：定制岗位画像报告

为了让面试官能够在测评中迅速抓到重点，朋伦公司的销售人员定制

岗位画像报告，以心选模型为基础，内容上以"二心""四力"作为报告核心，根据朋伦公司语言对"二心""四力"进行定义，并设计对应的面试题库；分数上以当前胜任销售人员在各素质项上得分的平均数正负 1.5 个标准差为区间设定参考区间，未来候选人得分将与胜任销售人员直接进行对比，帮助面试官进行判断。定制化的素质项让测评最关键的信息一目了然，定制化常模让候选人的相对水平一目了然；定制化面试题库让面试官提问重点一目了然。

朋伦公司销售人员岗位画像报告（部分示例）如图 2-7 所示。

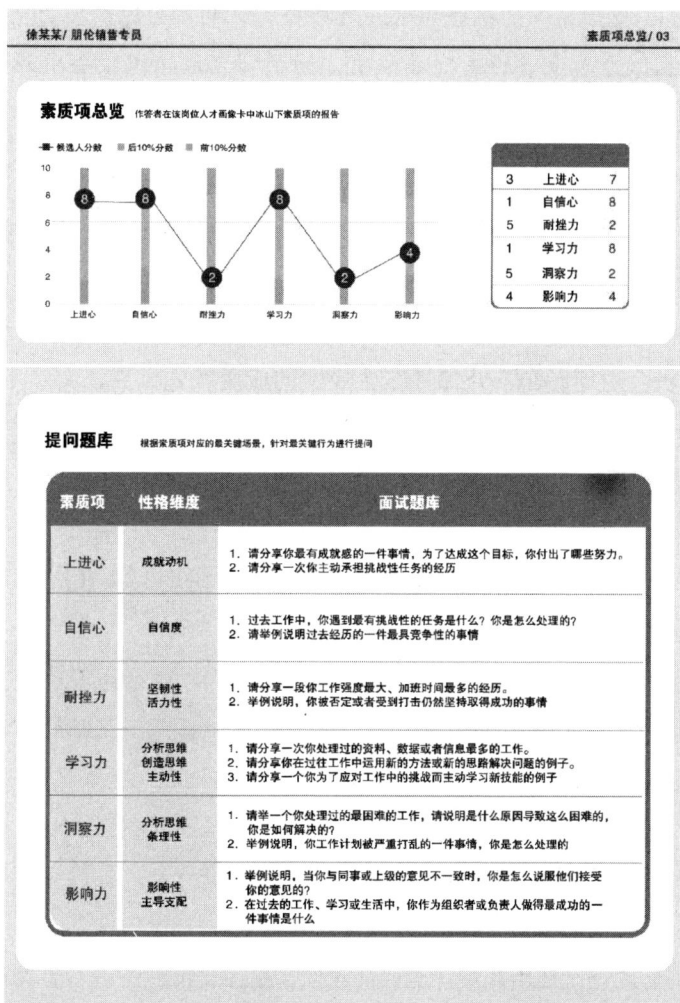

图 2-7　朋伦公司销售人员岗位画像报告（部分示例）

第三步：提高面试官能力

第三步与第二步并行，为了让朋伦公司的管理者真正学会应用测评、基于测评结果进行行为面试，德锐咨询为管理者进行了为期一天的培训。培训现场与管理者们就岗位的人才画像再次进行了共识与说明；带领大家正确理解测评报告；根据测评报告结果进行精准提问；掌握通过 STAR 进行深度追问的方法。手把手辅导管理者将行为面试法与定制岗位画像报告强强联手，把面试官考察与报告结果相结合，互相验证做出面试决策。

以图 2-7 中徐某某的报告为例，其耐挫力、洞察力因结果明显低于参考区间，将被作为面试中的关键考察项，面试官可以根据报告中的面试题库进行提问与追问。

当前测评市场中，国际化的测评公司因为起步早、研发投入多，对于通用式测评的研究具有领先地位，在中国市场也占据了先发优势。但实际应用中出现了门槛高、落地难等一系列难题，导致测评工具在企业中没有充分发挥其作用赋能管理。定制化测评将测评方法与管理需求完美结合，在这种形式下中国的测评才有机会弯道超车，让测评在企业中的应用领先世界。

⇨ 关键发现

1. 测评经历了卡通式、通用式、定制化三个阶段，企业应告别卡通式测评、用好通用式测评、首选定制化测评。

2. 卡通式测评无法有效预测与业绩相关的行为，不适用于选人。

3. 类型论测评不适用于人员招聘与人才选拔，适用于基础的自我认知、团队建设角色分工。

4. 特质论测评适用于人员招聘与内部选拔，准确率高、专业性强。

5. 定制化测评不只是测评工具而是系统性解决方案，打通测评与面试间的连接。

6. 定制化测评比通用式测评更有针对性、更加精准，管理者更加易于掌握。

第三章

用测评萃取定制化人才画像

> 人不是最重要的资产，合适的人才是最重要的资产。
>
> ——乔布斯

提到人才画像卡，在 2021 年出版的《人才画像：让招聘准确率倍增》一书中，构建了十大通用岗位、十大高管岗位，以及十大行业关键岗位共计 71 个人才画像卡，更多是针对行业的共性和行业共识的基本特征。事实上，不同行业、不同企业还会有自己不同的要求。《2021 年应届生画像白皮书》揭示，互联网企业应届生善于制订工作计划，把控项目流程，但在人际方面不够敏锐；金融和银行应届生更关注细节，对数字敏感，充满就业的能量和激情，有较强的抗压能力。因此，让企业更加精准找到自己的人才画像，需要企业掌握定制个性化的人才画像的方法。

德锐咨询经过大量的项目实践，总结出了精准萃取个性化人才画像的三种方法：组间对比法、关键行为提炼法和大样本分析法（见表 3-1）。萃取的过程需基于测评数据的提取、分析，最终提炼成具备企业特色及岗位特色的画像。此过程不仅赋予人才画像企业特色，还可以对标行业标杆企业，让选人标准行业领先。

表 3-1 三种萃取个性化人才画像的方法对比

方　法	优　势	适　用　场　景
组间对比法	• 更高的信效度 • 识别最关键维度 • 精准、直接	• 拥有两个对比群体的测评数据
关键行为提炼法	• 匹配战略发展 • 基于岗位职责 • 便捷、有效	• 有明确的岗位职责及关键行为 • 管理者有较高的参与度与判断力
大样本分析法	• 对标市场水平 • 体现行业特征	• 初设岗位，无更多岗位信息 • 无群体对比，无法做组间对比分析

组间对比法萃取绩优人才画像

组间对比法，就是先建立企业内标杆群体，通过不同群体的对比揭示优秀人才群体的显著特质。这种方法的优势是，更加精准地提炼和识别合适人才的素质能力。

A 企业正在大力地招聘未来后备干部的管培生，希望了解被企业录用的应届生们身上有什么关键特质，他们分析了通过与未通过企业面试的学生的测评数据，对比出被录用学生们身上更突出的性格特质，以此作为后续招聘可参考的重要选人标准。当然，在实际管理场景中，组间对比的组，除了"通过"与"不通过"，还可以对比绩效高与绩效低的两个群体、成功晋升与未成功晋升的两个群体等。归根到底，都是通过两组群体的比较，识别表现更好群体的突出特质，萃取人才画像。

组间对比法的实施方法，可以总结为五步，从明确关键岗位，到确定分组标准、区分样本群体，再到分析数据差异，最后到提炼素质项（见图 3-1）。

第一步	第二步	第三步	第四步	第五步
明确关键岗位	确定分组标准	区分样本群体	分析数据差异	提炼素质项

图 3-1　组间对比五步法

第一步　明确关键岗位。企业内岗位众多，进行组间对比时，测评数据需要全部来自同一岗位。同时优先选择招聘量大、对企业经营和发展有重要意义，需要建立统一用人标准的岗位。

第二步　确定分组标准。常见的分组依据包括业绩完成率高低、绩效高低、人才盘点结果高低、晋升与否、面试通过与否等。

第三步　区分样本群体。将样本数据分为标杆组和对照组。需要注意的是，标杆组和对照组仅在分组的指标上存在差异，其他特征尽量保持一致。

第四步　分析数据差异。识别特质差异，确认影响群体间表现差异的关键特质。

第五步　提炼素质项。形成关键岗位人才画像。

需要注意的是，群体对比法的关键，在于正确选择出绩优群体。不同于大样本分析法，组间对比法不追求样本数量，更多关注选取样本是否有代表性。只有选出的标杆群体真正表现出了企业需求的素质，才能保证分析结果符合企业要求。

> ## 萃取旺中旺店长画像
>
> 2020 年，以门店店长为主体的店铺运营管理者被命名为"连锁经营管理师"，正式成为新职业，纳入了国家职业分类目录，未来将更有效促进店长人员选聘，以及职业发展规范化。对企业而言，店长对最小零售终端负责，承担着门店的经营和管理工作，同时也直接面向客户，代表着企业的形象，毫不夸张地说，一个优秀的店长对一个线下零售门店的业绩影响巨大。
>
> 旺中旺是江西省知名连锁零售企业，在当地累积拥有 60 家门店，且有更多的新店在开拓中，急需更多的优秀店长独当一面。但在招募优秀店长之前，董事长向我们抛出了这样一个问题："我们的优秀店长是什么样子的？要怎么规范地描述它，能让所有人对优秀店长的认知一致呢？"
>
> 德锐咨询项目组很快响应了这个需求，采用 DR01（德锐人才性格测评），基于测评数据进行组间对比，为其建立优秀店长画像，用于统一人才标准。用近一年门店的目标达成率区分绩优店长和绩差店长，筛选出绩优店长 34 人，绩差店长 17 人。绩优店长即绩优标杆组，绩差店长即对照组。我们面向这两个群体收集性格测评数据，采用统计方法对两个群体的测评数据进行对比分析（见图 3-2），特质对比一目了然。
>
> 由图 3-2 看出，旺中旺店长岗位的标杆组呈现三点特征。
>
> （1）标杆组拥有更高的条理性、自律性、成就动机、坚韧性，能更关注细节。这几个性格维度同属于尽责性大维度下，主要聚焦于管理任务。研究表明，相比其他大维度，尽责性维度与绩效表现存在较高的相关性。较突出的条理性和关注细节表明绩优店长能够做好工作规划、有条不紊，能够细心执行、落实到位；较高的自律性和成就动机表明优秀店长能够自我驱动、主动设置并追求更高的目标；较高的坚韧性让这个群体能够更积

极地面对挑战、更快地从挫折中恢复。

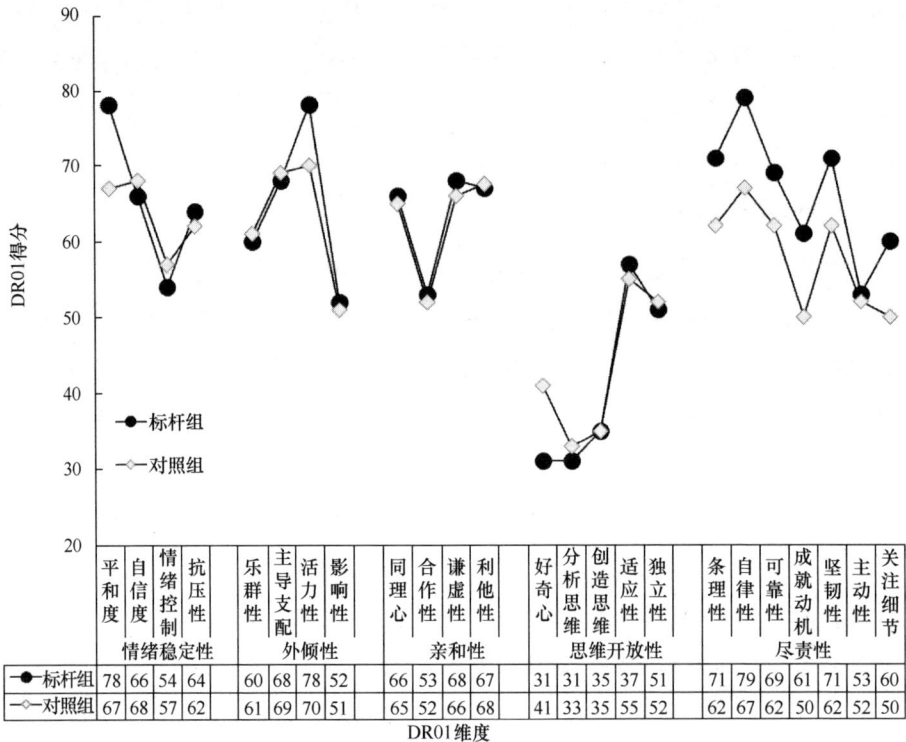

图 3-2 旺中旺门店店长组间对比

		情绪稳定性				外倾性				亲和性				思维开放性					尽责性				
---	平和度	自信度	情绪控制性	抗压性	乐群性	主导支配	活力性	影响性	同理心	合作性	谦虚性	利他性	好奇心	分析思维	创造思维	适应性	独立性	条理性	自律性	可靠性	成就动机	坚韧性	主动性	关注细节
标杆组	78	66	54	64	60	68	78	52	66	53	68	67	31	31	35	37	51	71	79	69	61	71	53	60
对照组	67	68	57	62	61	69	70	51	65	52	66	68	41	33	35	55	52	62	67	62	50	62	52	50

DR01维度

（2）标杆组拥有更高的平和度和活力性。平和度是一种面对刺激、紧张下的情绪反应，高活力性是指更加适应高强度、紧凑工作节奏的倾向。

（3）标杆组拥有相对更低的好奇心。需要关注的是，店长的工作职责相对固定，并且零售连锁企业的标准化要求较高，无须店长表现出过多的好奇心与探索性。因此，店长拥有较低的好奇心，聚焦眼前的工作内容并不折不扣地落实好，反而是支撑旺中旺店长产生高绩效的性格特质。

基于上述内容，项目组结合旺中旺对该岗位的定位，将性格特质进一步提炼为素质项，形成了店长的人才画像（见表 3-2）。

在后续面试过程中，旺中旺采用了此画像，在面试前全面了解了候选人的性格特质，关注关键特质，然后在面试中验证，持续招募到了多个真正匹配企业需求的合适候选人。

表 3-2　旺中旺店长人才画像

人　才　画　像		
岗位名称	门店店长	
冰山上 （学历、经验、技能）	大专以上学历	
	行业两年以上工作经历	
冰山下 （价值观、素质、潜力、 动机、个性）	素质项	对应的性格特质
	平和坚韧	平和度、坚韧性
	严谨细致	条理性、关注细节
	成就动机	成就动机、自律性
	精力充沛	活力性

　　组间对比法萃取岗位人才画像的应用已相对成熟，无论是单个企业某一岗位的群体对比，或是不同企业同岗位的群体对比，均可以做此分析并构建岗位画像。

⇨ 关键行为提炼法萃取关键人才画像

　　关键行为提炼法是从战略需要与岗位职责出发，提炼关键行为，并萃取支撑行为的能力与素质的方法。关键行为提炼法适用的基础是，企业有明确的战略要求与岗位职责，同时对于管理者的能力和参与度有较高要求。该方法的优势是能避免出现当前人群素质能力与企业战略发展不匹配情况。在我们之前服务的一家设计工程企业，需要招聘副所长，他们基于副所长的岗位职责，提炼了关键行为，再从关键行为提取了对应的性格特质，最终萃取出该岗位的人才画像。关键行为提炼法的具体步骤，包括召集成组、岗位解析、投票取舍、最终确认和持续迭代（见图 3-3）。

第一步	第二步	第三步	第四步	第五步
召集成组	岗位解析	投票取舍	最终确认	持续迭代

图 3-3　关键行为提炼法的五个步骤

第一步　召集专家

对于关键岗位的画像建立，高管的支持和参与会大幅提升画像的准确度和应用价值。基于这样的共识，本步骤将由企业 HR 团队或岗位的直接上级召集专家小组成员。一般建议小组成员有 5～10 人，包括两类人员：①熟悉岗位工作性质和工作要求的人，包括该岗位目前的胜任者、直接上级、间接上级，以及与之配合密切的相关部门人员或同事；②理解且会应用关键行为提炼法的人，包括人力资源部人员、外部顾问。

第二步　岗位解析

从战略需求及岗位职责出发，通过识别重点动作和内容，提炼关键行为。例如，某岗位职责中有这样的表述：

"管理和激发下属员工，审核和评估员工绩效，提高员工能力，为他们的职业发展提供支持，让员工能为所在部门做出最大贡献。"

可进一步提炼为，"了解企业、员工需求，影响、激励下属"，如此对于该职责的关键动作一目了然。

第三步　投票取舍

明确每个关键职责的关键行为后，需要请专家讨论、选择、对应影响关键行为表现的性格特质。DR01（德锐人才性格测评）中的 24 个子维度，每一项都可以选择，某项特质投票数量超过专家人数的二分之一，即可进入备选，对于票数未过半但实际与行为关联程度非常高的性格特质，也可讨论列入关联特质。

对于得票数相近且很难取舍的特质，由岗位的直接上级重新陈述该岗位的重要职责和关键行为后再做出最终决策。关联特质的数量应尽量不超过六项，太少不足以支撑，太多则不够聚焦。

第四步　最终确认

在投票取舍后，便形成了最终确定的性格特质，专家组可基于性格特质的释义进一步提炼素质项，最终在人才画像上体现 3～5 条素质项，作为选人的着重关注点。

第五步　持续迭代

认同比绝对的精确更重要。没有绝对精确的人才画像，其精准度需要在应用中不断修正。该方法的价值在于广泛利用管理者的智慧，并在讨论中达成共识，而共识是后续岗位画像应用落地的重要基础。

在后续人才画像卡的持续应用中，需要定期回顾：按照人才画像选择的员工是否表现出了人才画像要求的性格特质？是否有较高的绩效表现？若有，则可以增强使用人才画像的信心；若没有，则需要分析判断原因，是画像存在偏差还是组织环境带来了低效率？找出原因后，对岗位画像进行持续迭代。

> ### 一场人力资源负责人的画像萃取研讨会
>
> 中宏集团是一家融资租赁行业的独角兽公司。
>
> 2019 年，该公司的创始人张总，正在为如何招聘一位合适的人力资源副总监而苦恼，经历过多次面试、录用、离职，仍然无法找到心仪的人选。
>
> 针对这一个岗位面试了 50 个人以上后，张总对选人的标准产生了疑惑，究竟什么样的人才是适合这个岗位的人？在与我们达成咨询项目合作后，张总认识到形成精准人才画像的重要性，开始尝试使用关键行为提炼法去形成该岗位的画像。
>
> **一、召集成组与岗位解析**
>
> 某天，公司管理层周会结束后，张总请各位中层以上管理者留下来，专门研讨人力资源副总监这一岗位的画像。整个过程由我们进行组织和引导。首先，项目组给大家发了一份材料，上面打印了该公司人力资源副总监的岗位职责，共计五条，详细记录了该岗位的关键工作内容。
>
> 1. 向公司高层决策者提供有关人力资源战略、组织建设等方面的建议，并致力于提高公司的综合管理水平；
>
> 2. 负责公司整体的人力资源运作规划与人力资源战略的运筹实施，为公司业务发展提供全面、系统的人力资源保障；
>
> 3. 阐明组织的价值观和文化，组织和推动企业文化建设，营造务实、创新和积极向上的文化氛围；

4. 与管理人员合作，及时发现并处理公司管理过程中的人力资源问题；

5. 管理和激发下属员工，审核和评估员工绩效，提高员工能力，为他们的职业发展提供支持，让员工能为所在部门做出最大贡献。

大家需要首先阅读这份岗位职责，基于管理经验和岗位认知，提炼对应的关键行为。由于这份岗位职责内容清晰，各位管理者很快有了答案，并很快形成共识：

1. 收集、分析、总结内外部情况、提出建议；

2. 明确计划，按照计划有条理地执行；

3. 分析当前内部文化，并组织推动、影响形成企业文化；

4. 影响他人、推动高层之间合作，不断解决出现的问题；

5. 了解企业、员工需求，影响、激励下属。

根据岗位职责解析岗位关键行为示例如表3-3所示。

表3-3　根据岗位职责解析岗位关键行为示例

岗 位 职 责	关 键 行 为
向公司高层决策者提供有关人力资源战略、组织建设等方面的建议，并致力于提高公司的综合管理水平	收集、分析、总结内外部情况，提出建议
负责公司整体的人力资源运作规划与人力资源战略的运筹实施，为公司业务发展提供全面、系统的人力资源保障	明确计划，按照计划有条理地执行
阐明组织的价值观和文化，组织和推动企业文化建设，营造务实、创新和积极向上的文化氛围	分析当前内部文化，并组织推动、影响形成企业文化
与管理人员合作，及时发现并处理公司管理过程中的人力资源问题	影响他人、推动高层之间合作，不断解决出现的问题
管理和激发下属员工，审核和评估员工绩效，提高员工能力，为他们的职业发展提供支持，让员工能为所在部门做出最大贡献	了解企业、员工需求，影响、激励下属

二、投票取舍

之后，我们请各位管理者基于对关键行为的理解，去勾选支撑行为表现的性格特质，每位可在 DR01（德锐人才性格测评）中的性格特质维度中进行选择，不限个数。五分钟后，统计投票结果，发现大家的选择主要集中在六个维度上，分数从高到低排序分别是影响性、分析思维、条理性、主导支配、同理心和合作性。选择结果呈现出来后，几位管理者又各自表达了自己的看法，大家基本认同这一结果。

过程中，张总似乎被激发出新的思考，他又提出新的看法："我建议将坚韧性纳入这个岗位的画像，该岗位的工作内容包含推动、参与公司层面的重大变革，尤其是当下，我们的企业从家长式管理往职业化管理迈进，可能会面临来自各方面的压力，在这个工作岗位上，理应需要更强的坚韧性，去持续推动组织变革。"在座的管理者也纷纷表示赞同。

经过充分地表达意见，大家就人力资源副总监这一岗位最需具备的七个性格特质，达成了共识。专家打分法结果统计示例如表3-4所示。

表3-4　专家打分法结果统计示例

特征解析-专家解析法（11位专家投票结果）						
关 键 行 为	主导支配	影响性	合作性	同理心	分析思维	坚韧性	条理性
收集、分析、总结内外部情况、提出建议					10		
明确计划，按照计划有条理地执行							10
分析当前内部文化，并组织推动、影响形成企业文化	8	8	6				
影响他人、推动高层之间合作，不断解决出现的问题		9				5	
了解企业、员工需求，影响、激励下属		7		7			
合计	8	24	6	7	10	5	10

三、最终确认与持续迭代

对应大五人格的性格特质维度后，如何用更加贴近平常的管理语言进行表达，是下一步要做的工作。

我们又带领参会成员进行了进一步的提炼与总结，最终形成"影响推动、团队协作、分析思考、条理清晰、坚韧不拔"五项素质项。至此，完成了中宏集团人力资源副总监岗位的人才画像（见表3-5）。

之后，将该人才画像分发至各个团队，使之重点筛选和推送与该人才画像相匹配的候选人。很快，人力资源部收到了各个团队筛选来的优质简历，接下来，人力资源部组织面试官们用行为面试法，在面试中着重考察相关特质，最终筛选出一名优秀的人选。

表3-5　中宏集团人力资源副总监岗位的人才画像

人才画像		
岗位名称	人力资源副总监	
冰山上 （学历、经验、技能）	人力资源领域五年以上工作经验	
冰山下 （价值观、素质、潜力、 动机、个性）	素质项	对应的性格特质
	影响推动	影响性、主导支配
	团队协作	合作性、同理心
	分析思考	分析思维
	条理清晰	条理性
	坚韧不拔	坚韧性

在总结的过程时，张总跟团队强调："招人要先有标准，这个标准要有助于在工作中有更突出的绩效表现，有了标准，我们就有了更加一致性的目标，后面对于每个招人岗位，我们都需要先用这个方法找到标准。"

大样本分析法萃取典型人才画像

组间对比法和关键行为提炼法在实践中均有着广泛的应用。但有些企业的某个岗位是人数较少的岗位；或者是首次设置，过去没有类似岗位的信息可供对比，而且内部没人能系统描述岗位的核心职责；抑或是现有人员很难明显区分出绩优、绩差，无法形成组间对比的标准。

此时，可选择大样本分析法。所谓大样本分析，是基于现有测评数据库，分析某一行业、某一岗位的综合数据，形成特定岗位的人才画像的方法。

举例来说，某公司在2021年开始步入数字化阶段，开始组建数字化团队，他们首先需要寻找首席数字官（CTO）。这种情况下，该公司既无法做对比，也没有人能系统描述岗位信息，但他们可以借助测评机构的同行业或同规模公司该岗位的测评数据，去分析CTO普遍呈现出来的性格特质和素质能力，作为该岗位的人才画像。

我们从实践中总结了大样本分析法六步成像的具体内容（见图3-4）：

第一步　明确企业需要构建什么岗位的人才画像；

第二步　从测评数据库获取关键岗位的人才测评数据；

第三步　按照一定的标准，剔除测评数据中的无效样本；

第四步　计算各性格特质的均值；

第五步　解析关键岗位的突出性格特质；

第六步　提炼素质项，形成该岗位的人才画像。

第一步	第二步	第三步	第四步	第五步	第六步
明确关键岗位	获取测评数据	删除无效数据	计算特质均值	解析突出特质	提炼素质项

图3-4　大样本分析法六步成像

DR01（德锐人才性格测评）截至2022年6月已积累了5万份左右的性格测评数据，覆盖软件、互联网、金融、制造、服务、广告、传媒等多个行业，以及销售、质量、研发、采购、生产等职能。

下面我们选取几个较为常见的岗位，应用大样本分析法萃取出岗位的人才画像，与读者们分享。

销售岗位的人才画像

在人们的印象中，优秀的销售人员往往巧舌如簧，乐群且主动。实际情况是否确实如此？

我们选取了生产制造、专业服务、互联网、工程等行业共计1643名销售人员的性格测评数据，进行了大样本分析。我们选取的测评对象，是那些仅承担销售职责的销售人员，不包括那些承担管理职责的销售管理人员。结果显示，销售人员群体在情绪控制、乐群性、影响性、好奇心、分析思维、成就动机等维度表现相对突出（见图3-5）。

首先，销售人员群体在乐群性、影响性和成就动机上表现突出，建议企业重点关注。

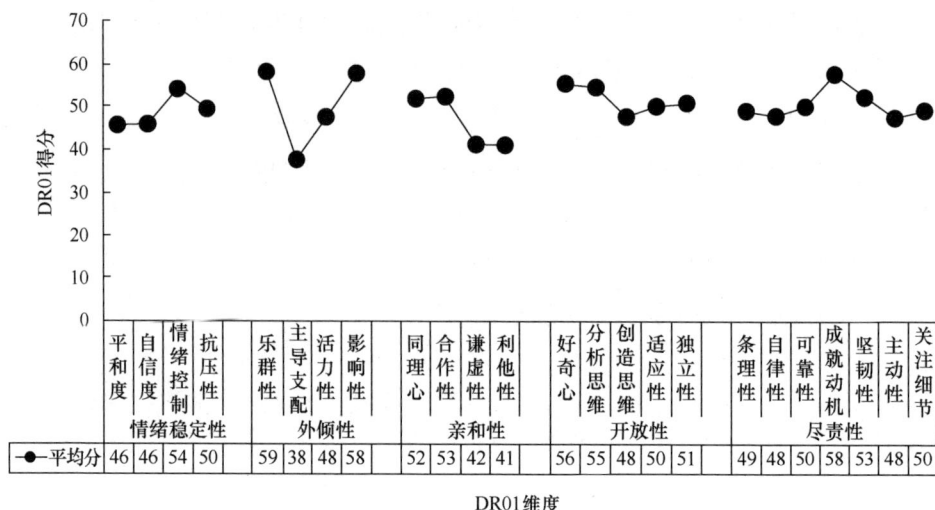

图 3-5　大样本分析销售岗位的性格特质

（1）乐群性：该群体具备较高的社交主动性和积极性，能快速与他人建立关系，该特质是销售人员达成业绩的第一步。

（2）影响性：该群体拥有较强的主动说服他人的意愿和倾向，能够引起客户共鸣，让客户愿意接受他的观点。

（3）成就动机：该群体有较高的自我驱动力，会主动给自己设置高目标，过程中会寻求克服困难的办法，努力实现业务活动的预期目标。

其次，企业还需着重关注好奇心、分析思维和情绪控制几项特质，相对其他特质，销售人员在这些特质上表现也较为突出。

（4）好奇心、分析思维：该群体总是对外界保持好奇心，对新事物和新现象保持思考的惯性，敏锐反应并能深度分析，通过思考新的方案来满足客户需求。

（5）情绪控制：该群体能做好情绪管理，不会轻易把喜怒哀乐表现出来，不会给客户传达情绪压力，保持服务耐心。

基于大样本数据分析结果，并经过提炼总结，对应到常见素质项，即可形成销售人员的人才画像（见表 3-6）。

表3-6　销售人员的人才画像

人才画像		
岗位名称	销售人员	
冰山上（学历、经验、技能）	本科以上学历	
冰山下 （价值观、素质、潜力、动机、个性）	素质项	对应的性格特质
	主动乐群	乐群性、好奇心
	钻研探索	好奇心、分析思维
	情绪稳定	情绪控制
	成就动机	成就动机
	说服影响	影响性

研发岗位的人才画像

研发人员负责企业在产品或服务上的技术突破与研发，他们需要创造，需要实现从0到1的突破。这样的群体具备什么显著特质呢？

基于积累的测评数据，选取工程、机械制造、生物制药等行业，共计815名技术研发人员（仅技术员，无管理职责）做大样本分析，我们发现，承担研发职责的岗位群体在抗压性、好奇心、分析思维、创造思维、条理性等维度表现更突出（见图3-6）。

（1）分析思维：分析思维是承担研发职责岗位人群最突出的性格特质，该群体具备深入思考的习惯，能从复杂现象中抽丝剥茧发现客观规律。

（2）好奇心：对新事物、新现象充满好奇，始终有了解它的兴趣和冲动，不拘泥于现有的内容，能不断探索新的边界。

（3）创造思维：他们对新事物、新现象保持好奇和关注，做前沿性、挑战性的研究，并能有所创造，而非简单重复，这个特质帮助研发群体把想法变为现实。

（4）抗压性：该群体需要面对长时间坐"冷板凳"的处境，不仅要面对持续的时间、精力投入可能无法换回应有回报的压力，还要面对来自市场、企业内前端部门对于新产品、新业务研发突破期待的压力。只有具备较强的抗压能力，研发人员才能在高压环境下持续专注于研究。

（5）条理性：该群体需在长期的研发过程中，对关键节点和里程碑事件提前规划，有较强的计划性和条理性，将研发落到行动上。

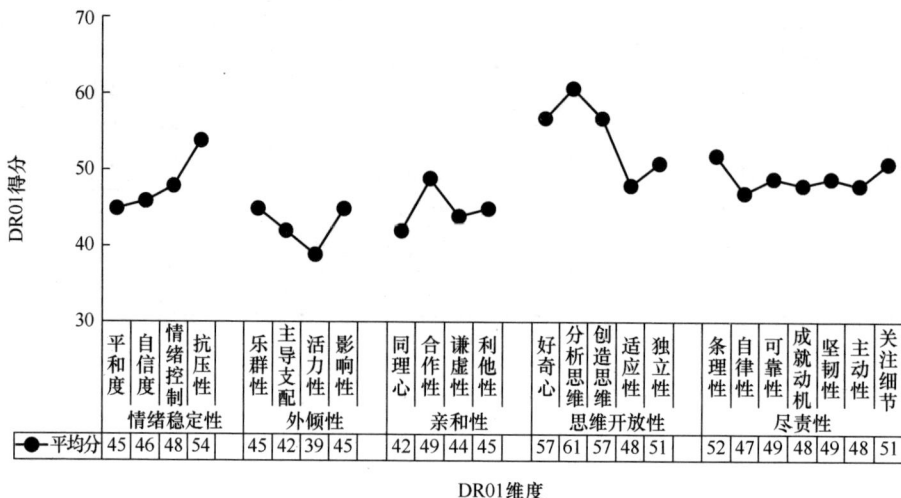

图 3-6　大样本分析研发岗位的性格特质

基于大样本数据分析结果，并经过提炼总结，对应到常见素质项，即可形成研发人员的人才画像（见表3-7）。

表 3-7　研发人员的人才画像

人才画像		
岗位名称	研发专员	
冰山上（学历、经验、技能）	本科以上学历	
	素质项	对应的性格特质
冰山下 （价值观、素质、潜力、动机、个性）	创新突破	分析思维、创造思维
	钻研探索	好奇心、分析思维
	条理清晰	条理性
	抗压耐挫	抗压性

质量管理岗位的人才画像

质量管理岗位是企业内将产品、服务交付给客户的最后一道关，肩负着维护企业市场声誉和口碑的职责，既要制定质量方针，又要确保实施，做质量把关。

基于覆盖电子、软件、制造等行业 468 份质量管理岗位的性格测评数据，我们分析了岗位群体的人才画像。

我们发现，这个群体拥有更高的管理自我水平，如平和度、自信度和情绪控制、较强的分析思维、较强的抗压性和坚韧性、较强的条理性和关注细节，以及并不突出的同理心（见图3-7）。

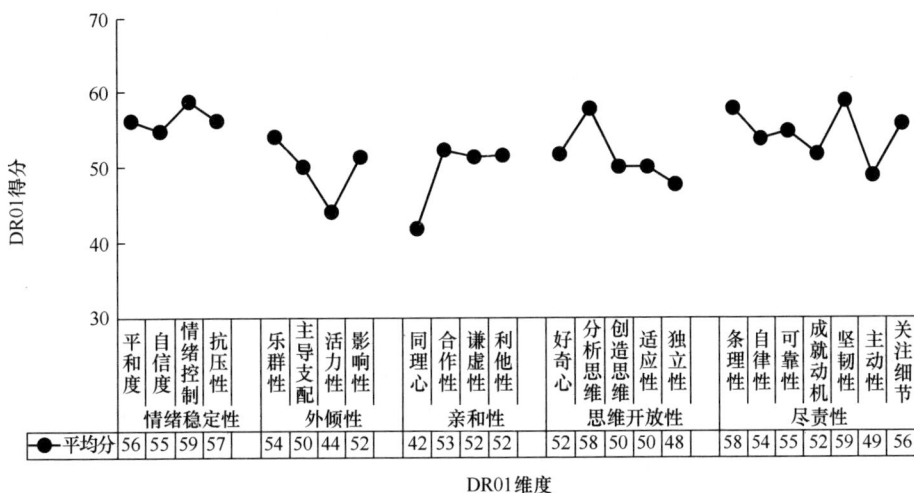

图 3-7　大样本分析质量管理岗位的性格特质

（1）较强的管理自我水平，主要表现为较高的情绪控制、平和度、自信度。该群体面对外部的刺激和压力，能够相对冷静平和地面对，情绪稳定，相信自己能克服困难和挫折。在跟别人沟通交流的过程中往往表现出冷静沉着的一面。

（2）较强的分析思维，他们面向质量制定、实施乃至检测等相对复杂的工作内容，需要面向现象，溯源问题，找到解决问题的方法，较强的分析思维可以帮助他们更快地适应这样的工作内容，快速输出，在岗位上创造相应的价值。

（3）较强的坚韧性和抗压性，他们既坚韧又抗压，面对这份工作内容的重压和挫折，他们情绪上不易崩溃，行动上比别人更快响应，更快从挫折中恢复。

（4）较强的条理性和关注细节能力，在工作内容上倾向于有清晰合理的规划和时间节点，对于细节有着天生的关注，能比别人更快察觉到细节处的错误和问题。

我们将上述性格特质进一步归类提炼为素质项，即履行质量管理职能的人员，更倾向于拥有情绪稳定、分析思考、坚韧抗压、严谨细致的素质能力（见表3-8）。

表 3-8 质量管理人员的人才画像

人 才 画 像		
岗位名称	质量管理专员	
冰山上（学历、经验、技能）	本科以上学历	
冰山下 （价值观、素质、潜力、动机、个性）	素质项	对应的性格特质
	情绪稳定	平和度、自信度、情绪控制
	分析思考	分析思维
	坚韧抗压	抗压性、坚韧性
	严谨细致	关注细节、条理性

采购岗位的人才画像

采购群体对外要与供应商开展竞争与合作，竞争的是价格，合作的是业务。对部门内部，采购人员需要提供更多的支持与服务，支持研发与质量，同时服务生产与销售。一个精准选拔出来的优秀采购人员，可以给企业带来极大的价值。

我们选取制造、互联网、工程等行业共计 417 名采购人员（仅承担采购职责，不承担管理职责）的数据，进行了大样本分析。结果显示，该岗位群体在主导支配、好奇心、关注细节、自律性和可靠性等维度表现更突出（见图 3-8）。

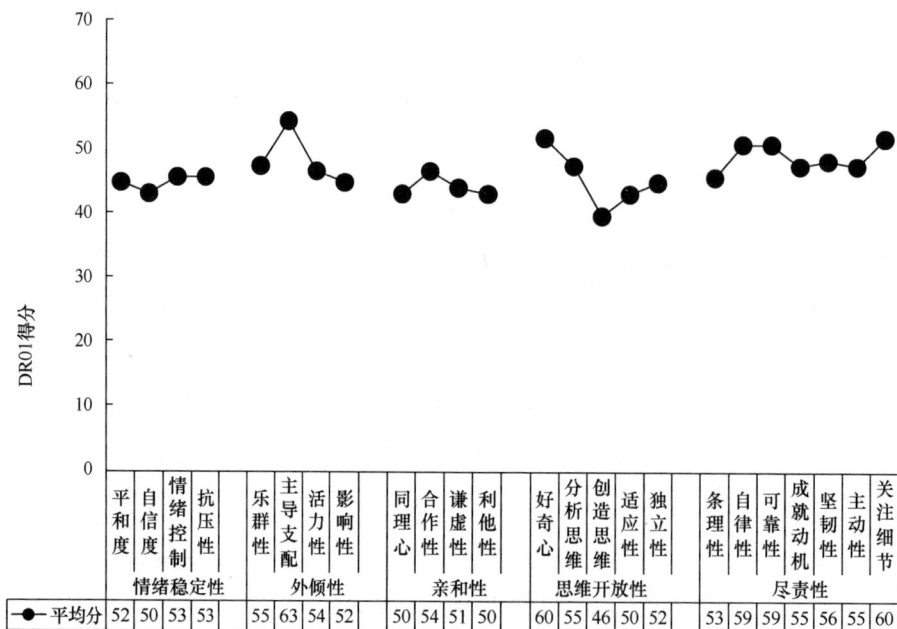

	平和度	自信度	情绪控制	抗压性	乐群性	主导支配	活力性	影响性	同理心	合作性	谦虚性	利他性	好奇心	分析思维	创造思维	适应性	独立性	条理性	自律性	可靠性	成就动机	坚韧性	主动性	关注细节
	情绪稳定性				外倾性				亲和性				思维开放性					尽责性						
●— 平均分	52	50	53	53	55	63	54	52	50	54	51	50	60	55	46	50	52	53	59	59	55	56	55	60

图 3-8 大样本分析采购岗位的性格特质

（1）主导支配：该群体在商务谈判中有主导支配的意愿和倾向性，具备控场及议价的优势，为企业获取最大利润空间。

（2）好奇心：该群体对外部最新的市场、产品情况敏锐觉察，权衡优劣，确定选品。

（3）关注细节：该群体能严格按照销售计划制订采购计划和交货验收，确保物品品种、数量、质量、交货日期准备无误，最大限度保证公司整体利益。

（4）自律性：采购岗位群体需要坚持原则、抵制供应商诱惑，始终坚持企业利益最大化。

（5）可靠性：多数情况下能做到以认真负责的态度对待任务，并且完成工作，兑现承诺。

据此，我们进一步将性格特质提炼为人才画像中的素质项，包括主动推动、关注细节和自律可靠（见表3-9）。

表3-9　采购人员的人才画像

人 才 画 像		
岗位名称	采购专员	
冰山上（学历、经验、技能）	本科以上学历	
冰山下（价值观、素质、潜力、动机、个性）	素质项	对应的性格特质
	主动推动	主导支配、好奇心
	关注细节	关注细节
	自律可靠	自律性、可靠性

综合方法萃取管理者人才画像的应用案例

大样本分析法需基于一定测评数据的积累，借助测评数据库，有一定的使用门槛。但其优势是，操作简单、数据便于处理和计算、结果简单易得，并且有较高的说服力和可信度。在实际应用中，大样本数据也可与其他方式结合使用。

下面是一个多种方法结合的案例，该案例中，我们综合应用了大样本分析法和组间对比法，萃取形成了众多中小企业通用管理者人才画像。

基于 1500 名中高层管理者数据萃取通用管理者人才画像

在过往的项目经历里，我们积累了大量的管理者测评数据。正值江苏省人才学会找到我们，为了推动全省人才人事理论创新及事务研究，加强人才人事的工作交流，省人力资源和社会保障厅及省人才学会组织发出了人才人事课题研究号召，希望我们能参与课题的申报，以人才人事工作中的现实问题为导向，结合我们的实践经验和数据积累，开展相应的前瞻性、针对性和储备性人才人事的政策研究。我们意识到，管理者是最受企业重视的群体，做好管理人员的人力资源选聘工作，企业的发展便可事半功倍，充分利用科学方法立体人才画像，精准定位管理人才，在前期可以降低人事决策的风险，后期可以赋能员工，打造高效团队，激活组织活力，因此构建管理人员人才评价体系是推动组织发展的绝佳方法。最终，我们提报了《企业管理人员胜任力模型（CMEM）的开发与构建》的课题研究申请，开启了管理者通用模型的探讨之旅。

由于每家企业管理人员的数量比较有限，从单个企业内部做组间对比有难度，我们基于过往企业管理者的测评数据，结合大样本分析法和组间对比法，做了大样本的组间分析。这个组间对比和企业内的组间对比有所不同，我们先将每家企业的员工根据人才盘点结果区分了优秀、中等和普通，再通过分析不同群体的性格特质差异，确认产生高绩效的关键特征，最终经过专家讨论形成人才画像。

过程阐述如下。

研究选择了 110 家规模为 1 亿～20 亿元的企业，约 1500 名中高层管理者的测评数据。这类企业亟须规范化转型和政府的支持培育，因此在招募管理者岗位人才时，会面临更大的人才需求、更快速的人才筛选、更精准的人岗匹配等问题，适合为企业通用管理者岗位人才画像的开发提供数据支撑和情境模拟。

第一步　确认企业通用管理岗作为分析岗位。其目的是使开发的岗位人才画像能更好地适用于目前企业人才管理的实际发展情况。

第二步　用人才盘点结果作为区分样本群体的唯一依据，这些人才盘点结果均出自我们开展项目合作的企业，真实可靠。我们对员工从"业绩+素质能力"维度对人才进行盘点，衡量团队现有人才梯队水平，区分绩优、绩中、绩差人员，规避单纯的业绩导向产生的评估偏差，同时采用360度全方位评价，多方进行人才盘点校准会议，避免员工评价"一言堂"，确保人才盘点结果能真实客观反映员工能力与水平。

第三步　区分样本群体。根据人才盘点结果将各家企业的管理者区分为优秀、中等和普通。

第四步　分析不同群体的性格特质差异，确认产生高绩效的关键特质，该步骤采用了相关分析，有两个子步骤。

1. 清洗测评数据。研究提取约2000名主管层、经理层及决策层管理者的DR01（德锐人才性格测评）测评数据，并以作答一致性、自我认知、自我表露等维度清洗数据，得出有效管理者性格测评1506份。

2. 相关性分析。将管理者的优秀、中等和普通与性格测评的得分做相关性分析，结果显示以下性格特质与绩效高低有着显著的相关性，它们是企业通用管理者岗位人才画像的核心要素（见表3-10）。

表3-10　企业通用管理者岗位人才画像的核心要素

	自信度	抗压性	主导支配	活力性	影响性	谦虚性	分析思维	创造思维	自律性	关注细节
相关系数	101**	115**	134**	079*	135**	091**	102**	078*	114**	.096**
P值	0.002	0.000	0.000	0.014	0.000	0.004	0.001	0.015	0.000	0.003

注：P值<0.05标注为*，代表该维度相关性显著；P值<0.01标注为**，代表该维度相关性非常显著。

第五步　形成岗位人才画像。召集德锐咨询合伙人及以上专家组召开通用管理者岗位人才画像研讨会，就以上要素展开研讨，结合过往丰富的管理咨询经验，专家成员充分发表观点。

专家1："我见到的优秀的管理者往往都兼具强大的抗压能力及高度的自信度……"

专家2："好的管理者往往在一定范围内拥有号召力和影响力……"

专家3："胜任甚至优秀的管理者对自己的事业有很深的追求，更乐于在工作中主动承担、快速成长……"

……

基于专家组的观点及前文的数据分析，我们进一步将性格特质萃取为通用管理者的人才画像（见表3-11）。

表3-11 通用管理者的人才画像

人 才 画 像		
岗位名称	管理者	
冰山上（学历、经验、技能）	大学本科及以上	
冰山下 （价值观、素质、潜力、动机、个性）	素质项	对应的性格特质
	谦虚谨慎	谦虚性、关注细节、自律性
	自信抗压	抗压性、自信度
	说服影响	影响性
	主导支配	主导支配
	分析思考	分析思维
	探索创造	创造思维

（1）自信抗压即具备较强的自我效能感，有信心能够迎接挑战，同时面对批评或多任务工作的压力仍能保持专注、维持关系、有效管理。绩优的管理者总是具备相信自己能面对困难和迎接挑战的能力，面对组织或环境的压力，总是能以一颗强大心脏去面对，专注于问题的解决，维持稳定的高绩效。

（2）谦虚谨慎即强调低调处事，不会过多地寻求夸赞，对细节关注到位，严谨细致。绩优的管理者不过度夸大自己的成就，低调行事，踏实做事，工作过程中数字敏感性高、规划性强，能在细节问题上获得成就感。

（3）说服影响即通过说服，影响他人的偏好。绩优的管理者往往能够采用强大的沟通技巧、持之以恒的沟通频次，达成对周围人群的有效影响，传输自己的观点，触达人群，发挥在团队和组织的个人影响。

（4）主导支配代表支配他人、主导活动的欲望和偏好。绩优的管理者往往能够拥有强烈的主导他人完成工作的意愿，乐于分配工作、监督工作促成团队工作及目标的完成，有较强的能力。

（5）分析思考表示绩优管理者倾向于使用逻辑理性对待问题、分析问题和解决问题，他们具备深入的分析和思考能力，擅长用逻辑分析处理复杂问题，避免感性判断、盲目决策，喜欢琢磨，有较强的学习能力，能持续输入新知识。

（6）探索创造表示绩优管理者不拘泥于现有的方法和工具，拥有较强的想象力，不墨守成规，擅长在工作过程中提出新想法和新工具，通过持续钻研不断创新和创造，实现优化工作方法、提升工作效率的目标。

本研究基于前人的文献基础，立足当前中国实际的企业管理人才现状，开发了一套拥有广泛数据支撑、多维度评估、与大五人格关联紧密的胜任力模型，未来对于进行高效人才筛选、人岗匹配，为同质企业人才遴选的过程提供范本，为基于素质模型的人才评价机制的发展均可提供借鉴。

至此，我们已通过常用方法提炼和典型案例呈现将德锐过往项目实践经历和盘托出。一般来说，组间对比法、关键行为提炼法和大样本分析法均有自己的突出优势和适用场景，企业需根据自身的实际情况选择其中的一个或多个方法，构建属于自己的关键岗位人才画像。需要关注的是，除通过上述方法呈现的人才画像外，完整的人才画像还需根据企业战略或文化及其他特殊需求做最终的补充和完善，并在后续的应用中持续验证和迭代，同时匹配科学使用人才画像的方法和技能，相信企业的精准选人能力能够得到大幅的提升。

关键发现

1. 组间对比法可通过群体精准、直接地对比探究绩优群体的显著特质，能够识别最关键的维度。

2. 组间对比法的使用前提是拥有两个对比群体的测评数据。

3. 关键行为提炼法便捷有效，可以基于企业战略需求，从岗位职责出发，反向提炼关键特质。

4．关键行为提炼法需要明确的岗位职责和关键行为，以及较高的管理者参与度。

5．大样本分析法可基于已有数据客观呈现样本性格特质，可对标市场水平，体现岗位的行业特征。

6．大样本分析法可以针对没有更多岗位信息的初设岗位，也适用于无群体对比的岗位。

第四章

定制关键岗位的岗位画像报告

> 工欲善其事，必先利其器。
>
> ——论语

创作之初，我们就将本书定位成一本让所有人都会用性格测评的工具书。坚持从实践中提炼经验再付诸实践，在过往的咨询项目经验中我们积累了大量的定制岗位画像报告的应用经验，指导客户将测评报告应用于实际招聘、发展工作中，并在客户实操过程中收获了众多信息和反馈，这帮助我们不断地优化和迭代定制的岗位画像报告。

定制岗位画像报告的定制内容包含素质项、常模数据和面试题库。在定制关键岗位画像报告时，不仅对素质项进行量化评价让面试官产生直观感受，还会用企业自己的语言描述帮助面试官更好地理解企业选拔标准及保持统一的考察标准。定制的常模数据可以使企业对候选人与内部胜任者进行直接比较，不仅使企业看到人员的相对水平，也能更新企业的人才数据库。定制的面试题库提供直接的题目建议，让面试官拿来即用。

以下为我们针对项目中完成的定制岗位画像报告进行筛选和组合后所提炼出来的，企业常设的、特征明显的十大通用岗位的岗位画像报告和十大高管岗位的岗位画像报告。

需注意的是，为了更清楚地体现性格特质与素质项的对应关系，我们对性格特质与素质项的对应关系进行了说明。

需提醒的是这些岗位画像报告提炼的是该岗位的常见素质项，在实际中还需根据企业战略发展需要，梳理关键岗位的素质项，以选到最符合企业需要的人才。

⇨ 十大通用岗位的岗位画像报告

1. 财务经理岗位画像报告（见图 4-1）

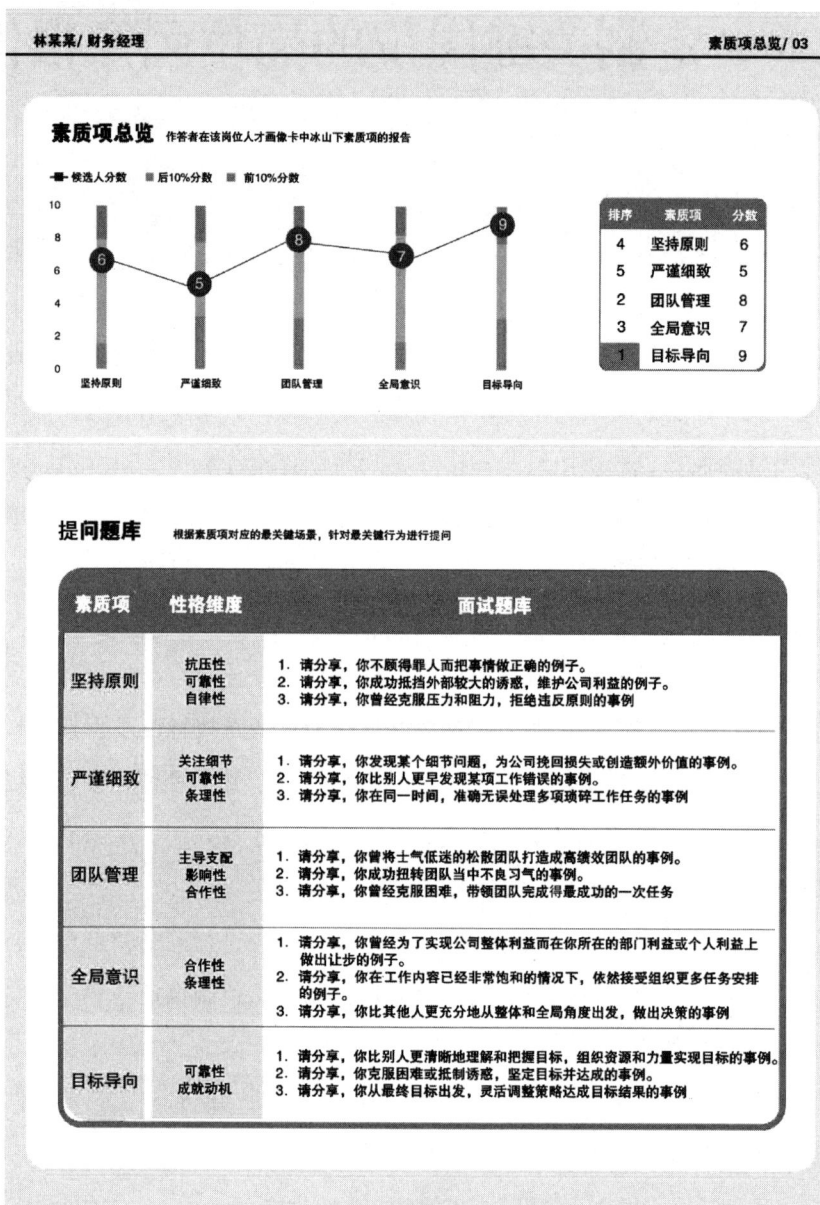

林某某/ 财务经理 　　　　　　　　　　　　　　　　　　素质项总览/ 03

素质项总览 作者者在该岗位人才画像卡中冰山下素质项的报告

■— 候选人分数　　■ 后10%分数　　■ 前10%分数

排序	素质项	分数
4	坚持原则	6
5	严谨细致	5
2	团队管理	8
3	全局意识	7
1	目标导向	9

坐标图横轴：坚持原则　严谨细致　团队管理　全局意识　目标导向

数据点：6　5　8　7　9

提问题库 根据素质项对应的最关键场景，针对最关键行为进行提问

素质项	性格维度	面试题库
坚持原则	抗压性 可靠性 自律性	1. 请分享，你不愿得罪人而把事情做正确的例子。 2. 请分享，你成功抵挡外部较大的诱惑，维护公司利益的例子。 3. 请分享，你曾经克服压力和阻力，拒绝违反原则的事例
严谨细致	关注细节 可靠性 条理性	1. 请分享，你发现某个细节问题，为公司挽回损失或创造额外价值的事例。 2. 请分享，你比别人更早发现某项工作错误的事例。 3. 请分享，你在同一时间，准确无误处理多项琐碎工作任务的事例
团队管理	主导支配 影响性 合作性	1. 请分享，你曾将士气低迷的松散团队打造成高绩效团队的事例。 2. 请分享，你成功扭转团队当中不良习气的事例。 3. 请分享，你曾经克服困难，带领团队完成得最成功的一次任务
全局意识	合作性 条理性	1. 请分享，你曾经为了实现公司整体利益而在你所在的部门利益或个人利益上做出让步的例子。 2. 请分享，你在工作内容已经非常饱和的情况下，依然接受组织更多任务安排的例子。 3. 请分享，你比其他人更充分地从整体和全局角度出发，做出决策的事例
目标导向	可靠性 成就动机	1. 请分享，你比别人更清晰地理解和把握目标，组织资源和力量实现目标的事例。 2. 请分享，你克服困难或抵制诱惑，坚定目标并达成的事例。 3. 请分享，你从最终目标出发，灵活调整策略达成目标结果的事例

图 4-1　财务经理岗位画像报告

2. 人事经理岗位画像报告（见图4-2）

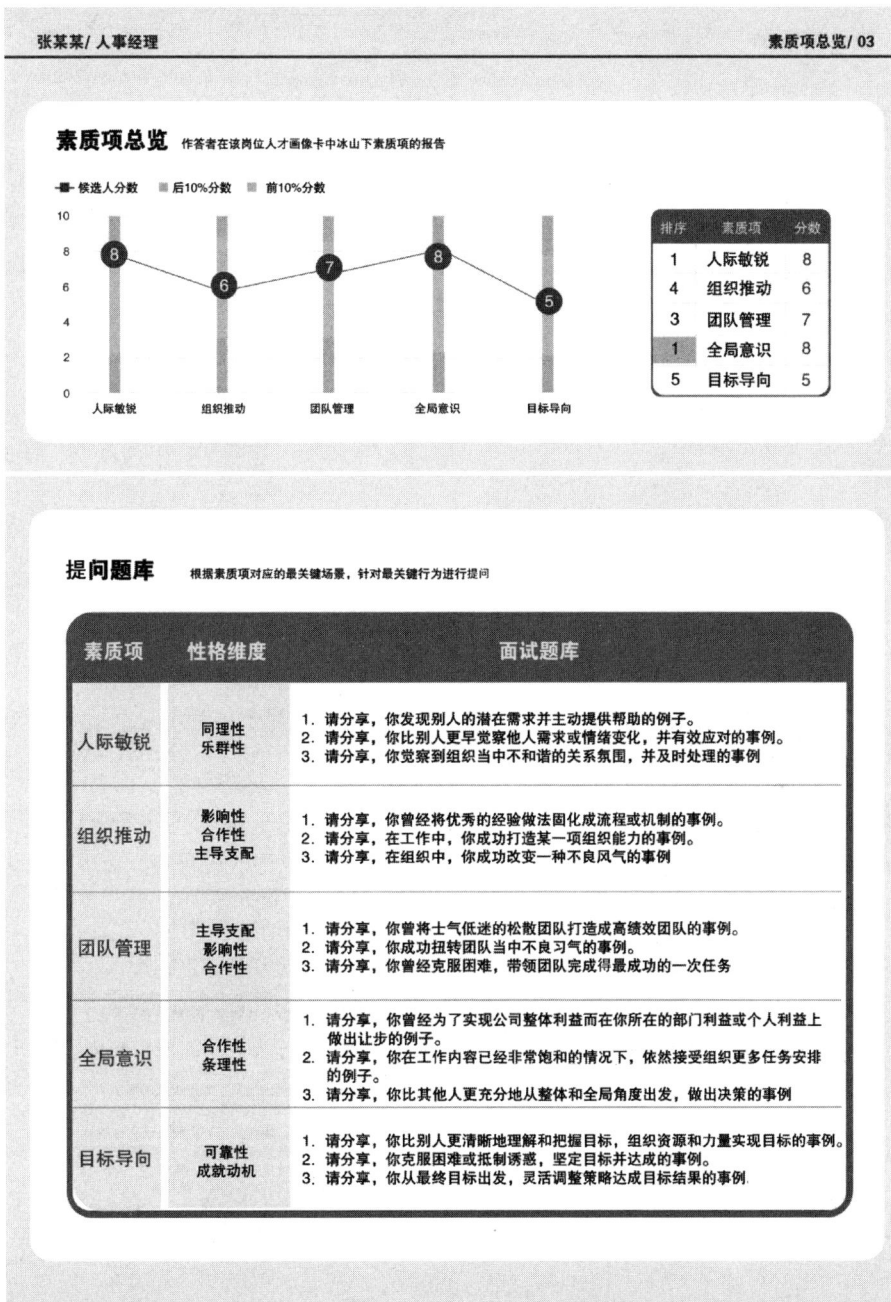

张某某/ 人事经理 素质项总览/ 03

素质项总览 作著者在该岗位人才画像卡中冰山下素质项的报告

■- 候选人分数　　■ 后10%分数　　■ 前10%分数

排序	素质项	分数
1	人际敏锐	8
4	组织推动	6
3	团队管理	7
1	全局意识	8
5	目标导向	5

提问题库 根据素质项对应的最关键场景，针对最关键行为进行提问

素质项	性格维度	面试题库
人际敏锐	同理性 乐群性	1. 请分享，你发现别人的潜在需求并主动提供帮助的例子。 2. 请分享，你比别人更早觉察他人需求或情绪变化，并有效应对的事例。 3. 请分享，你觉察到组织当中不和谐的关系氛围，并及时处理的事例
组织推动	影响性 合作性 主导支配	1. 请分享，你曾经将优秀的经验做法固化成流程或机制的事例。 2. 请分享，在工作中，你成功打造某一项组织能力的事例。 3. 请分享，在组织中，你成功改变一种不良风气的事例
团队管理	主导支配 影响性 合作性	1. 请分享，你曾将士气低迷的松散团队打造成高绩效团队的事例。 2. 请分享，你成功扭转团队当中不良习气的事例。 3. 请分享，你曾经克服困难，带领团队取得最成功的一次任务
全局意识	合作性 条理性	1. 请分享，你曾经为了实现公司整体利益而在你所在的部门利益或个人利益上做出让步的例子。 2. 请分享，你在工作内容已经非常饱和的情况下，依然接受组织更多任务安排的例子。 3. 请分享，你比其他人更充分地从整体和全局角度出发，做出决策的事例
目标导向	可靠性 成就动机	1. 请分享，你比别人更清晰地理解和把握目标，组织资源和力量实现目标的事例。 2. 请分享，你克服困难或抵制诱惑，坚定目标并达成的事例。 3. 请分享，你从最终目标出发，灵活调整策略达成目标结果的事例

图4-2　人事经理岗位画像报告

3. 行政经理岗位画像报告（见图4-3）

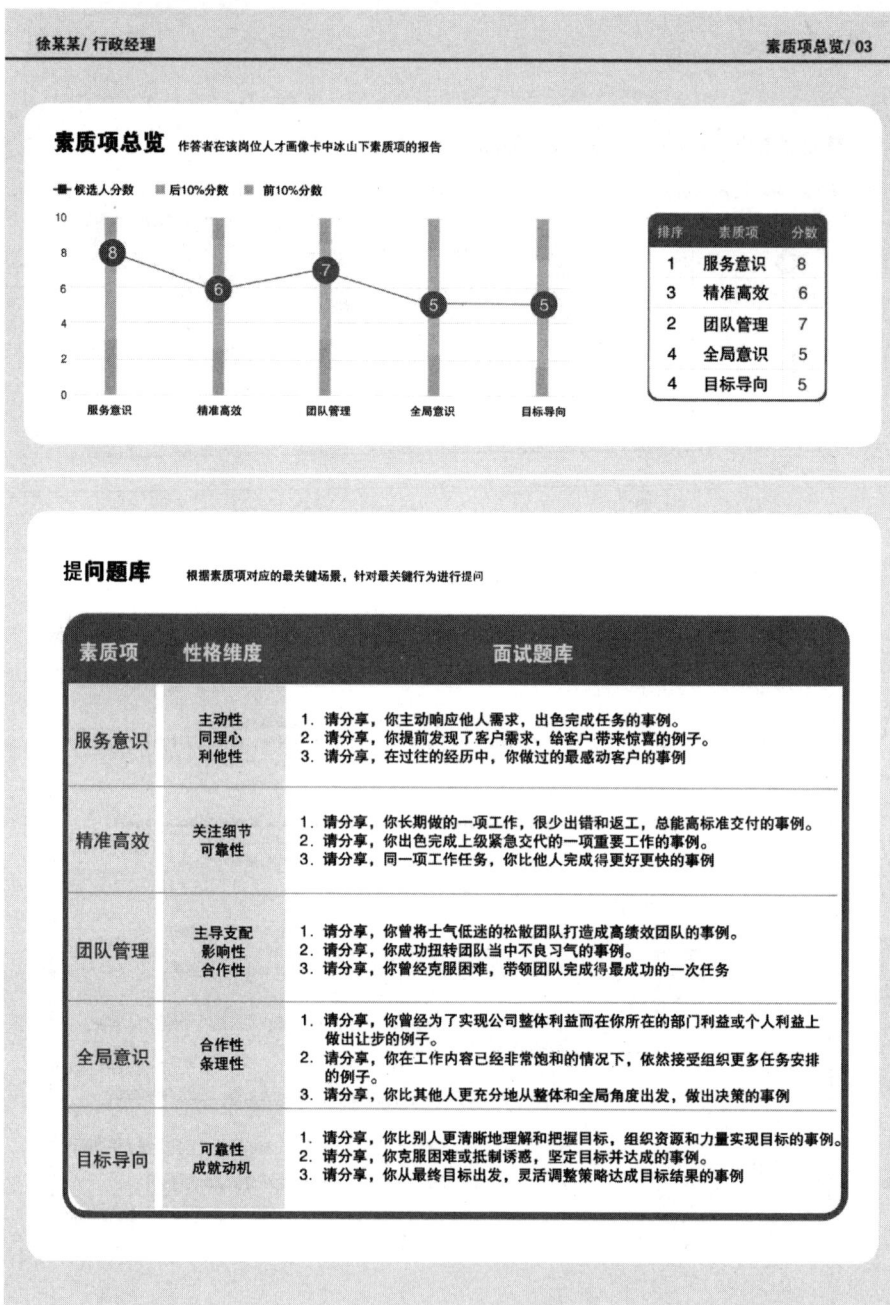

素质项总览 作答者在该岗位人才画像卡中冰山下素质项的报告

—■— 候选人分数　　■ 后10%分数　　■ 前10%分数

排序	素质项	分数
1	服务意识	8
3	精准高效	6
2	团队管理	7
4	全局意识	5
4	目标导向	5

提问题库 根据素质项对应的最关键场景，针对最关键行为进行提问

素质项	性格维度	面试题库
服务意识	主动性 同理心 利他性	1. 请分享，你主动响应他人需求，出色完成任务的事例。 2. 请分享，你提前发现了客户需求，给客户带来惊喜的例子。 3. 请分享，在过往的经历中，你做过的最感动客户的事例
精准高效	关注细节 可靠性	1. 请分享，你长期做的一项工作，很少出错和返工，总能高标准交付的事例。 2. 请分享，你出色完成上级紧急交代的一项重要工作的事例。 3. 请分享，同一项工作任务，你比他人完成得更好更快的事例
团队管理	主导支配 影响性 合作性	1. 请分享，你曾将士气低迷的松散团队打造成高绩效团队的事例。 2. 请分享，你成功扭转团队当中不良习气的事例。 3. 请分享，你曾经克服困难，带领团队完成得最成功的一次任务
全局意识	合作性 条理性	1. 请分享，你曾经为了实现公司整体利益而在你所在的部门利益或个人利益上做出让步的例子。 2. 请分享，你在工作内容已经非常饱和的情况下，依然接受组织更多任务安排的例子。 3. 请分享，你比其他人更充分地从整体和全局角度出发，做出决策的事例
目标导向	可靠性 成就动机	1. 请分享，你比别人更清晰地理解和把握目标，组织资源和力量实现目标的事例。 2. 请分享，你克服困难或抵制诱惑，坚定目标并达成的事例。 3. 请分享，你从最终目标出发，灵活调整策略达成目标结果的事例

图4-3　行政经理岗位画像报告

4．销售经理岗位画像报告（见图4-4）

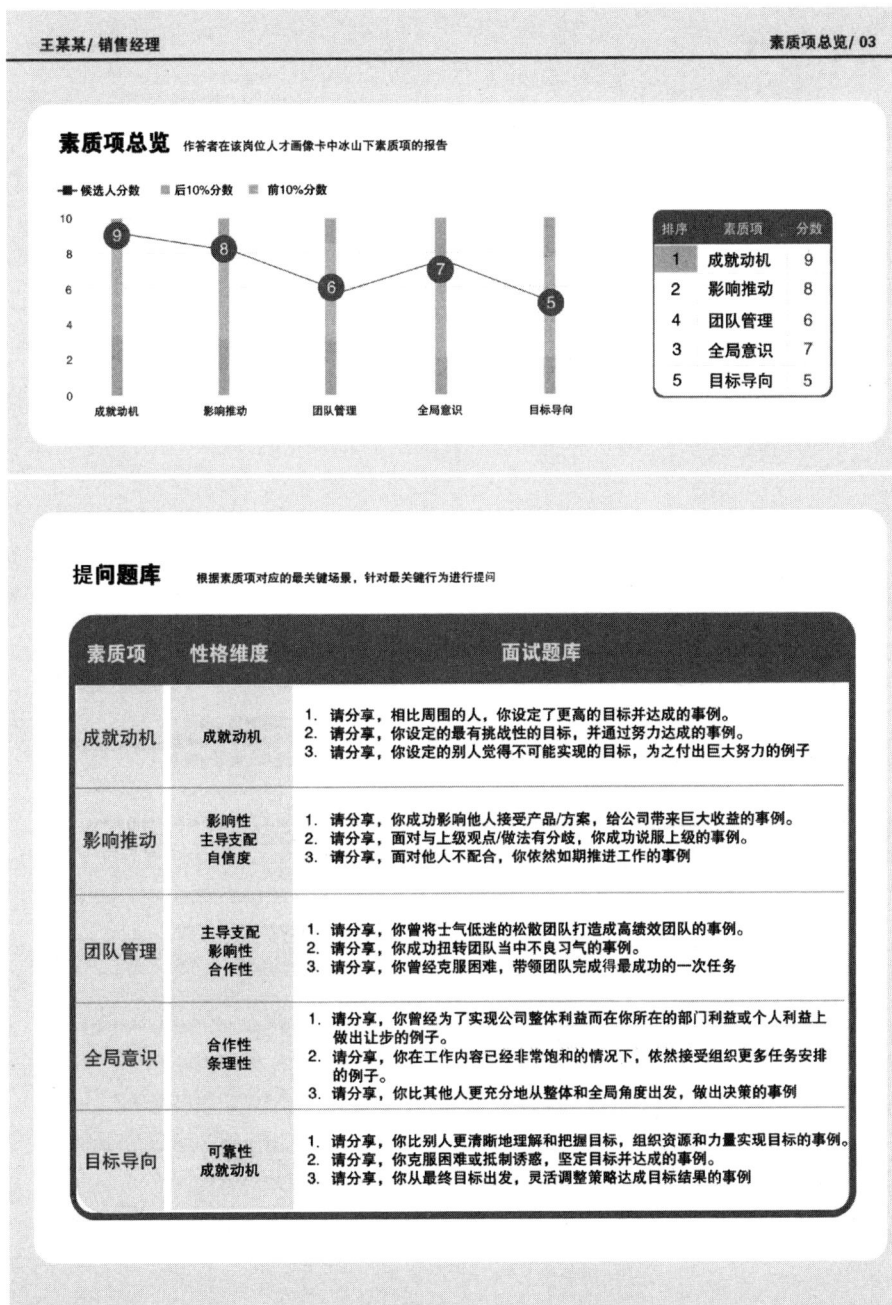

王某某/销售经理　　　　　　　　　　　　　　　　　　　　　　　　　　　　**素质项总览/03**

素质项总览 作者在该岗位人才画像卡中冰山下素质项的报告

■— 候选人分数　　■ 后10%分数　　■ 前10%分数

排序	素质项	分数
1	成就动机	9
2	影响推动	8
4	团队管理	6
3	全局意识	7
5	目标导向	5

提问题库 根据素质项对应的最关键场景，针对最关键行为进行提问

素质项	性格维度	面试题库
成就动机	成就动机	1. 请分享，相比周围的人，你设定了更高的目标并达成的事例。 2. 请分享，你设定的最有挑战性的目标，并通过努力达成的事例。 3. 请分享，你设定的别人觉得不可能实现的目标，为之付出巨大努力的例子
影响推动	影响性 主导支配 自信度	1. 请分享，你成功影响他人接受产品/方案，给公司带来巨大收益的事例。 2. 请分享，面对与上级观点/做法有分歧，你成功说服上级的事例。 3. 请分享，面对他人不配合，你依然如期推进工作的事例
团队管理	主导支配 影响性 合作性	1. 请分享，你曾将士气低迷的松散团队打造成高绩效团队的事例。 2. 请分享，你成功扭转团队当中不良习气的事例。 3. 请分享，你曾经克服困难，带领团队完成得最成功的一次任务
全局意识	合作性 条理性	1. 请分享，你曾经为了实现公司整体利益而在你所在的部门利益或个人利益上做出让步的例子。 2. 请分享，你在工作内容已经非常饱和的情况下，依然接受组织更多任务安排的例子。 3. 请分享，你比其他人更充分地从整体和全局角度出发，做出决策的事例
目标导向	可靠性 成就动机	1. 请分享，你比别人更清晰地理解和把握目标，组织资源和力量实现目标的事例。 2. 请分享，你克服困难或抵制诱惑，坚定目标并达成的事例。 3. 请分享，你从最终目标出发，灵活调整策略达成目标结果的事例

图4-4　销售经理岗位画像报告

5. 市场经理岗位画像报告（见图 4-5）

王某某／市场经理　　　　　　　　　　　　　　　　　　　　　　　素质项总览／03

素质项总览 作者在该岗位人才画像卡中冰山下素质项的报告

■■ 候选人分数　　■ 后10%分数　　■ 前10%分数

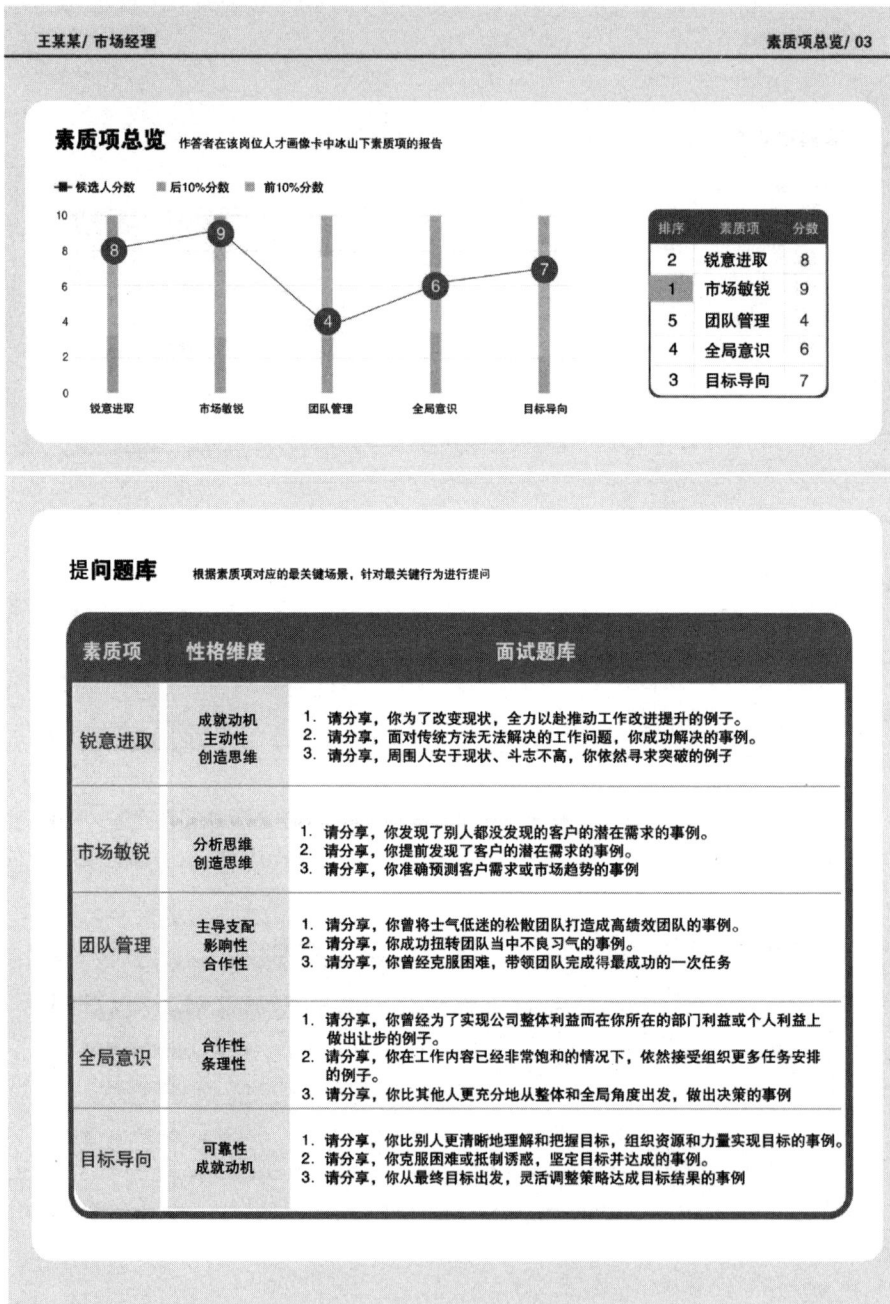

排序	素质项	分数
2	锐意进取	8
1	市场敏锐	9
5	团队管理	4
4	全局意识	6
3	目标导向	7

提问题库 根据素质项对应的最关键场景，针对最关键行为进行提问

素质项	性格维度	面试题库
锐意进取	成就动机 主动性 创造思维	1. 请分享，你为了改变现状，全力以赴推动工作改进提升的例子。 2. 请分享，面对传统方法无法解决的工作问题，你成功解决的事例。 3. 请分享，周围人安于现状、斗志不高，你依然寻求突破的例子
市场敏锐	分析思维 创造思维	1. 请分享，你发现了别人都没发现的客户的潜在需求的事例。 2. 请分享，你提前发现了客户的潜在需求的事例。 3. 请分享，你准确预测客户需求或市场趋势的事例
团队管理	主导支配 影响性 合作性	1. 请分享，你曾将士气低迷的松散团队打造成高绩效团队的事例。 2. 请分享，你成功扭转团队当中不良习气的事例。 3. 请分享，你曾经克服困难，带领团队完成得最成功的一次任务
全局意识	合作性 条理性	1. 请分享，你曾经为了实现公司整体利益而在你所在的部门利益或个人利益上做出让步的例子。 2. 请分享，你在工作内容已经非常饱和的情况下，依然接受组织更多任务安排的例子。 3. 请分享，你比其他人更充分地从整体和全局角度出发，做出决策的事例
目标导向	可靠性 成就动机	1. 请分享，你比别人更清晰地理解和把握目标，组织资源和力量实现目标的事例。 2. 请分享，你克服困难或抵制诱惑，坚定目标并达成的事例。 3. 请分享，你从最终目标出发，灵活调整策略达成目标结果的事例

图 4-5　市场经理岗位画像报告

6. 研发经理岗位画像报告（见图4-6）

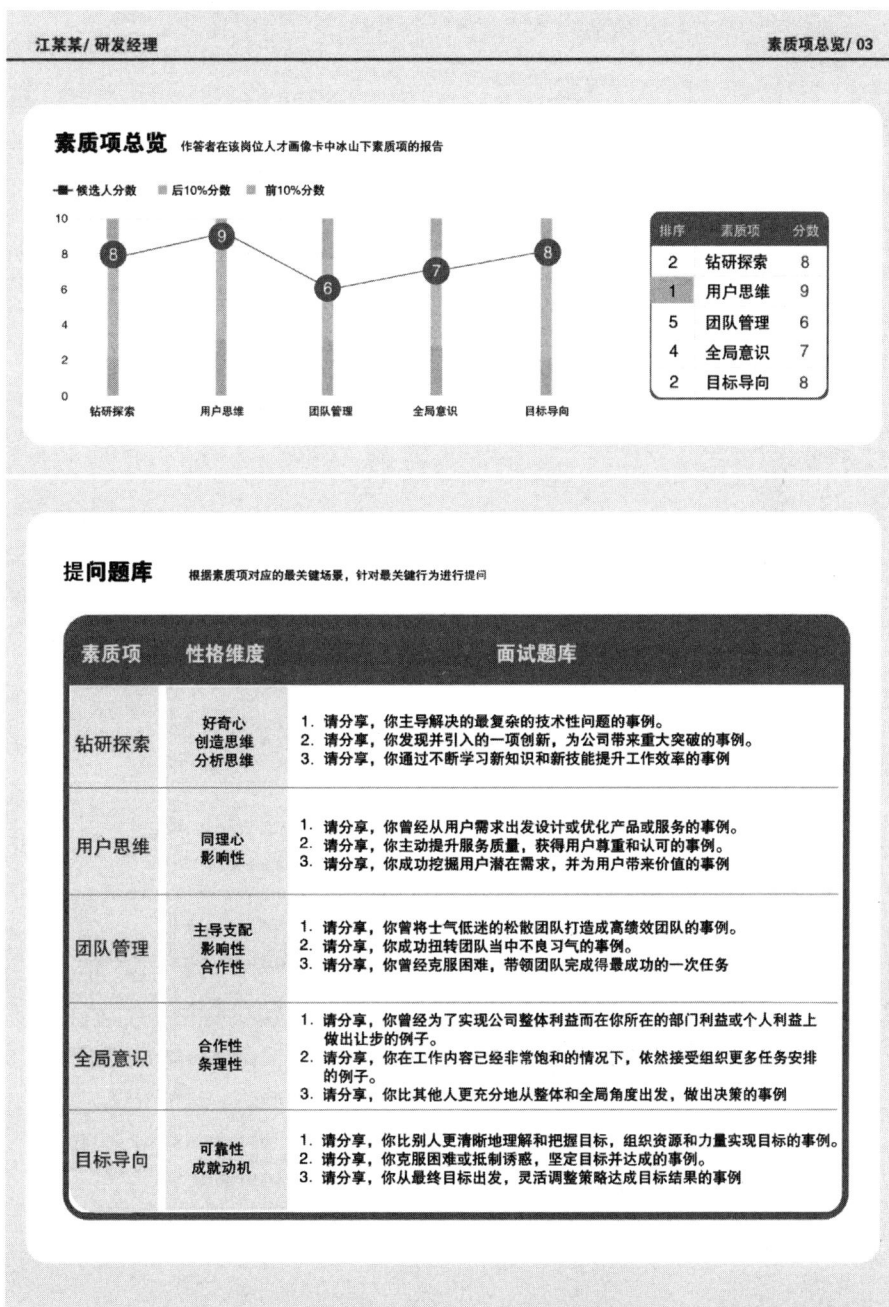

| 江某某/研发经理 | 素质项总览/03 |

素质项总览 作者在该岗位人才画像卡中冰山下素质项的报告

■■ 候选人分数　■ 后10%分数　■ 前10%分数

排序	素质项	分数
2	钻研探索	8
1	用户思维	9
5	团队管理	6
4	全局意识	7
2	目标导向	8

钻研探索　用户思维　团队管理　全局意识　目标导向

提问题库 根据素质项对应的最关键场景，针对最关键行为进行提问

素质项	性格维度	面试题库
钻研探索	好奇心 创造思维 分析思维	1. 请分享，你主导解决的最复杂的技术性问题的事例。 2. 请分享，你发现并引入的一项创新，为公司带来重大突破的事例。 3. 请分享，你通过不断学习新知识和新技能提升工作效率的事例
用户思维	同理心 影响性	1. 请分享，你曾经从用户需求出发设计或优化产品或服务的事例。 2. 请分享，你主动提升服务质量，获得用户尊重和认可的事例。 3. 请分享，你成功挖掘用户潜在需求，并为用户带来价值的事例
团队管理	主导支配 影响性 合作性	1. 请分享，你曾将士气低迷的松散团队打造成高绩效团队的事例。 2. 请分享，你成功扭转团队当中不良习气的事例。 3. 请分享，你曾经克服困难，带领团队完成得最成功的一次任务
全局意识	合作性 条理性	1. 请分享，你曾经为了实现公司整体利益而在你所在的部门利益或个人利益上做出让步的例子。 2. 请分享，你在工作内容已经非常饱和的情况下，依然接受组织更多任务安排的例子。 3. 请分享，你比其他人更充分地从整体和全局角度出发，做出决策的事例
目标导向	可靠性 成就动机	1. 请分享，你比别人更清晰地理解和把握目标，组织资源和力量实现目标的事例。 2. 请分享，你克服困难或抵制诱惑，坚定目标并达成的事例。 3. 请分享，你从最终目标出发，灵活调整策略达成目标结果的事例

图4-6　研发经理岗位画像报告

7. 质量经理岗位画像报告（见图 4-7）

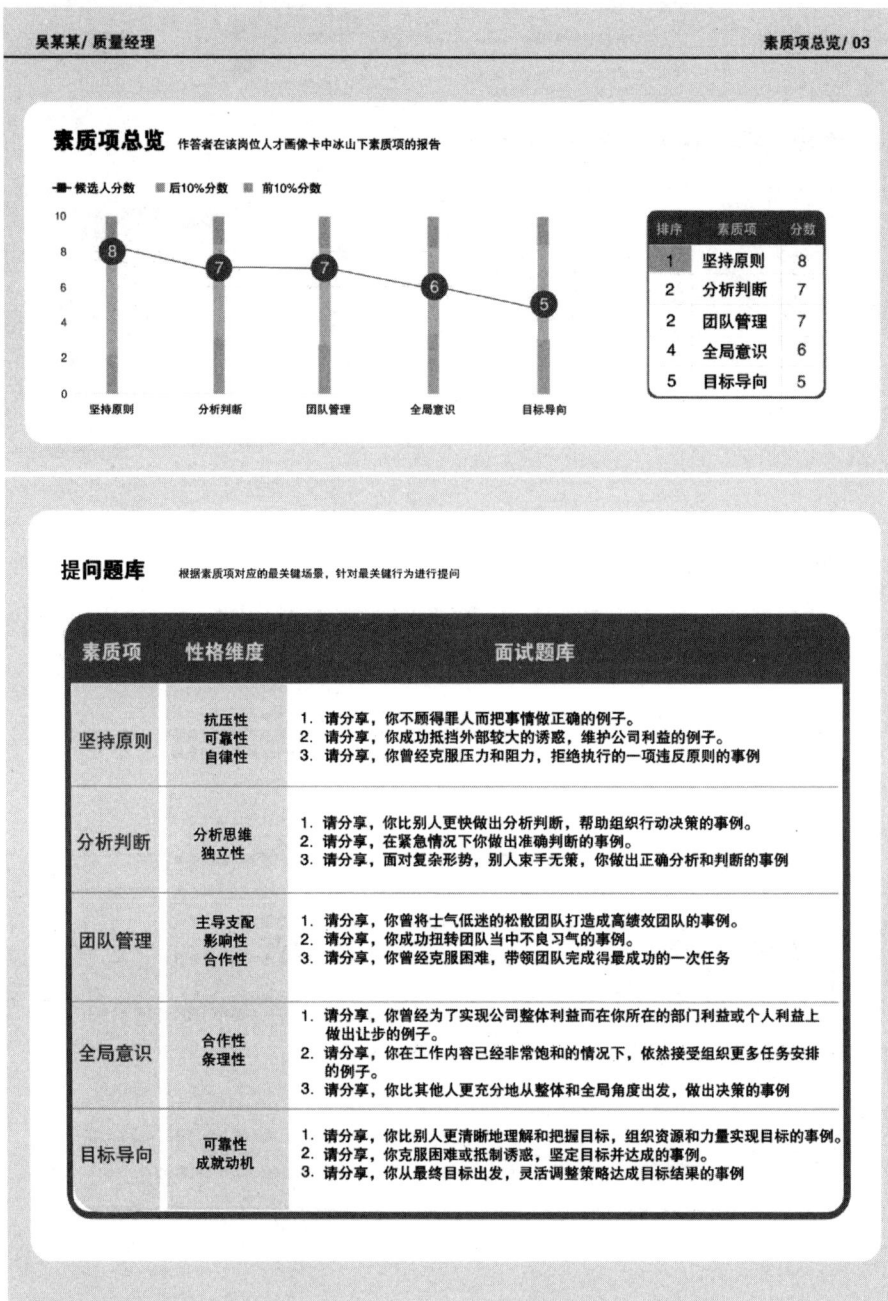

素质项总览 作答者在该岗位人才画像卡中冰山下素质项的报告

■—■ 候选人分数　■ 后10%分数　■ 前10%分数

排序	素质项	分数
1	坚持原则	8
2	分析判断	7
2	团队管理	7
4	全局意识	6
5	目标导向	5

（图表：坚持原则 8、分析判断 7、团队管理 7、全局意识 6、目标导向 5）

提问题库 根据素质项对应的最关键场景，针对最关键行为进行提问

素质项	性格维度	面试题库
坚持原则	抗压性 可靠性 自律性	1. 请分享，你不顾得罪人而把事情做正确的例子。 2. 请分享，你成功抵挡外部较大的诱惑，维护公司利益的例子。 3. 请分享，你曾经克服压力和阻力，拒绝执行的一项违反原则的事例
分析判断	分析思维 独立性	1. 请分享，你比别人更快做出分析判断，帮助组织行动决策的事例。 2. 请分享，在紧急情况下你做出准确判断的事例。 3. 请分享，面对复杂形势，别人束手无策，你做出正确分析和判断的事例
团队管理	主导支配 影响性 合作性	1. 请分享，你曾将士气低迷的松散团队打造成高绩效团队的事例。 2. 请分享，你成功扭转团队当中不良习气的事例。 3. 请分享，你曾经克服困难，带领团队完成得最成功的一次任务
全局意识	合作性 条理性	1. 请分享，你曾经为了实现公司整体利益而在你所在的部门利益或个人利益上做出让步的例子。 2. 请分享，你在工作内容已经非常饱和的情况下，依然接受组织更多任务安排的例子。 3. 请分享，你比其他人更充分地从整体和全局角度出发，做出决策的事例
目标导向	可靠性 成就动机	1. 请分享，你比别人更清晰地理解和把握目标，组织资源和力量实现目标的事例。 2. 请分享，你克服困难或抵制诱惑，坚定目标并达成的事例。 3. 请分享，你从最终目标出发，灵活调整策略达成目标结果的事例

图 4-7　质量经理岗位画像报告

8. 运营经理岗位画像报告（见图 4-8）

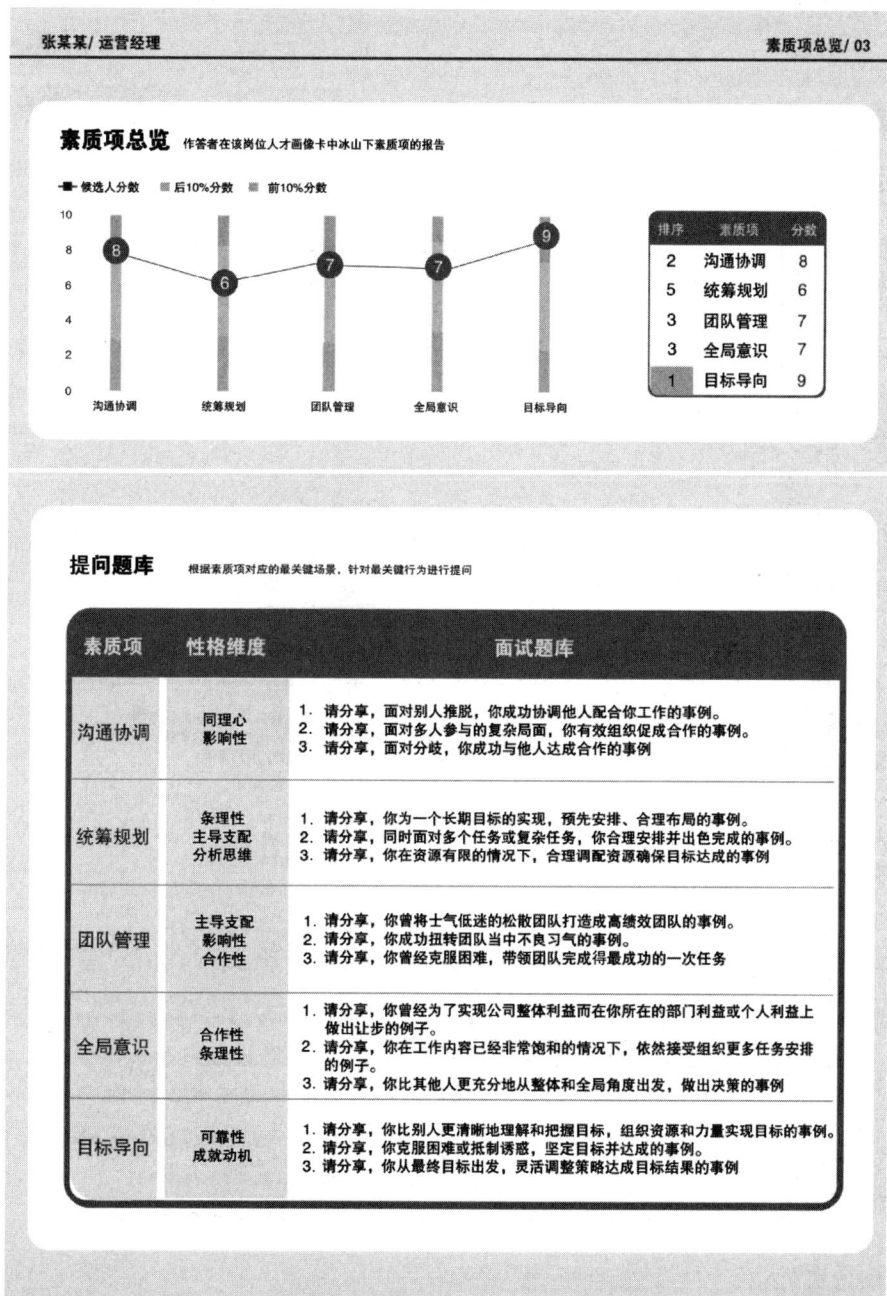

张某某/ 运营经理　　　　　　　　　　　　　　　　　　　　　　　　素质项总览/ 03

素质项总览　作答者在该岗位人才画像卡中冰山下素质项的报告

■— 候选人分数　　■ 后10%分数　　■ 前10%分数

排序	素质项	分数
2	沟通协调	8
5	统筹规划	6
3	团队管理	7
3	全局意识	7
1	目标导向	9

（图表：沟通协调 8、统筹规划 6、团队管理 7、全局意识 7、目标导向 9）

提问题库　根据素质项对应的最关键场景，针对最关键行为进行提问

素质项	性格维度	面试题库
沟通协调	同理心 影响性	1. 请分享，面对别人推脱，你成功协调他人配合你工作的事例。 2. 请分享，面对多人参与的复杂局面，你有效组织促成合作的事例。 3. 请分享，面对分歧，你成功与他人达成合作的事例
统筹规划	条理性 主导支配 分析思维	1. 请分享，你为一个长期目标的实现，预先安排、合理布局的事例。 2. 请分享，同时面对多个任务或复杂任务，你合理安排并出色完成的事例。 3. 请分享，你在资源有限的情况下，合理调配资源确保目标达成的事例
团队管理	主导支配 影响性 合作性	1. 请分享，你曾将士气低迷的松散团队打造成高绩效团队的事例。 2. 请分享，你成功扭转团队当中不良习气的事例。 3. 请分享，你曾经克服困难，带领团队完成得最成功的一次任务
全局意识	合作性 条理性	1. 请分享，你曾经为了实现公司整体利益而在你所在的部门利益或个人利益上做出让步的例子。 2. 请分享，你在工作内容已经非常饱和的情况下，依然接受组织更多任务安排的例子。 3. 请分享，你比其他人更充分地从整体和全局角度出发，做出决策的事例
目标导向	可靠性 成就动机	1. 请分享，你比别人更清晰地理解和把握目标，组织资源和力量实现目标的事例。 2. 请分享，你克服困难或抵制诱惑，坚定目标并达成的事例。 3. 请分享，你从最终目标出发，灵活调整策略达成目标结果的事例

图 4-8　运营经理岗位画像报告

9. 生产经理岗位画像报告（见图4-9）

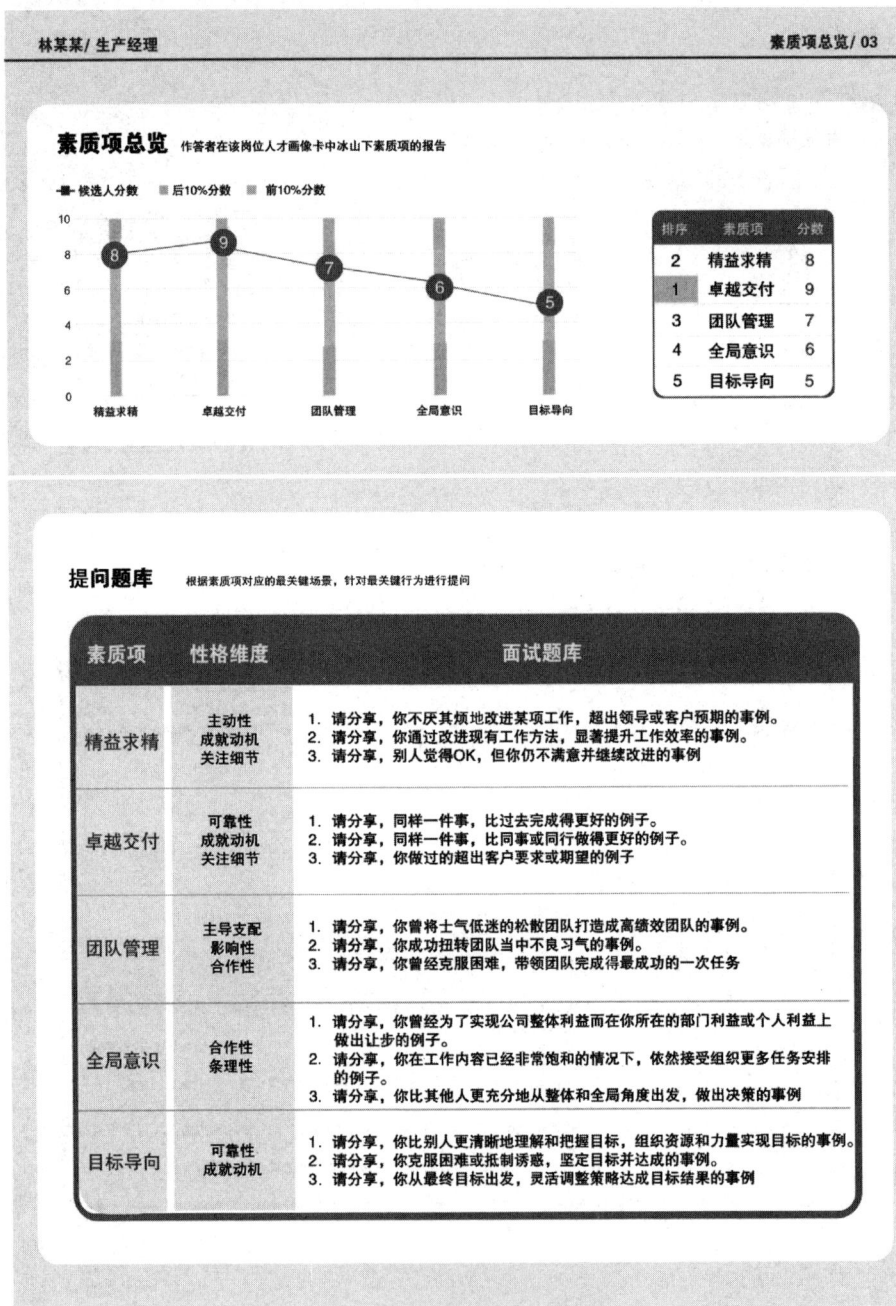

素质项总览 作者在该岗位人才画像卡中冰山下素质项的报告

◆—■ 候选人分数　　■ 后10%分数　　■ 前10%分数

排序	素质项	分数
2	精益求精	8
1	卓越交付	9
3	团队管理	7
4	全局意识	6
5	目标导向	5

提问题库 根据素质项对应的最关键场景，针对最关键行为进行提问

素质项	性格维度	面试题库
精益求精	主动性 成就动机 关注细节	1. 请分享，你不厌其烦地改进某项工作，超出领导或客户预期的事例。 2. 请分享，你通过改进现有工作方法，显著提升工作效率的事例。 3. 请分享，别人觉得OK，但你仍不满意并继续改进的事例
卓越交付	可靠性 成就动机 关注细节	1. 请分享，同样一件事，比过去完成得更好的例子。 2. 请分享，同样一件事，比同事或同行做得更好的例子。 3. 请分享，你做过的超出客户要求或期望的例子
团队管理	主导支配 影响性 合作性	1. 请分享，你曾将士气低迷的松散团队打造成高绩效团队的事例。 2. 请分享，你成功扭转团队当中不良习气的事例。 3. 请分享，你曾经克服困难，带领团队完成得最成功的一次任务
全局意识	合作性 条理性	1. 请分享，你曾经为了实现公司整体利益而在你所在的部门利益或个人利益上做出让步的例子。 2. 请分享，你在工作内容已经非常饱和的情况下，依然接受组织更多任务安排的例子。 3. 请分享，你比其他人更充分地从整体和全局角度出发，做出决策的事例
目标导向	可靠性 成就动机	1. 请分享，你比别人更清晰地理解和把握目标，组织资源和力量实现目标的事例。 2. 请分享，你克服困难或抵制诱惑，坚定目标并达成的事例。 3. 请分享，你从最终目标出发，灵活调整策略达成目标结果的事例

图 4-9　生产经理岗位画像报告

10. 采购经理岗位画像报告（见图 4-10）

素质项总览 作答者在该岗位人才画像卡中冰山下素质项的报告

■— 候选人分数　　■ 后10%分数　　■ 前10%分数

排序	素质项	分数
1	诚信正直	9
5	谈判能力	5
3	团队管理	7
2	全局意识	8
4	目标导向	6

提问题库 根据素质项对应的最关键场景，针对最关键行为进行提问

素质项	性格维度	面试题库
诚信正直	可靠性 自律性	1. 请分享，你纠正或阻止他人违反规则的事例。 2. 请分享，你遇到阻碍和困难依然兑现承诺的事例。 3. 请分享，面对诱惑，你依然坚守规则的事例。
谈判能力	主导支配 影响性 同理心	1. 请分享，面对争执不下的一次谈判，你成功达成谈判目标的事例。 2. 请分享，别人未能谈判成功，而你成功达到谈判目标的事例。 3. 请分享，面对最强势的供应商/谈判对象，你成功为公司争取最大利益的事例
团队管理	主导支配 影响性 合作性	1. 请分享，你曾将士气低迷的松散团队打造成高绩效团队的事例。 2. 请分享，你成功扭转团队当中不良习气的事例。 3. 请分享，你曾克服困难，带领团队完成得最成功的一次任务
全局意识	合作性 条理性	1. 请分享，你曾经为了实现公司整体利益而在你所在的部门利益或个人利益上做出让步的例子。 2. 请分享，你在工作内容已经非常饱和的情况下，依然接受组织更多任务安排的例子。 3. 请分享，你比其他人更充分地从整体和全局角度出发，做出决策的事例
目标导向	可靠性 成就动机	1. 请分享，你比别人更清晰地理解和把握目标，组织资源和力量实现目标的事例。 2. 请分享，你克服困难或抵制诱惑，坚定目标并达成的事例。 3. 请分享，你从最终目标出发，灵活调整策略达成目标结果的事例

图 4-10　采购经理岗位画像报告

⇨ 十大高管岗位的岗位画像报告

1. 首席执行官（CEO）岗位画像报告（见图 4-11）

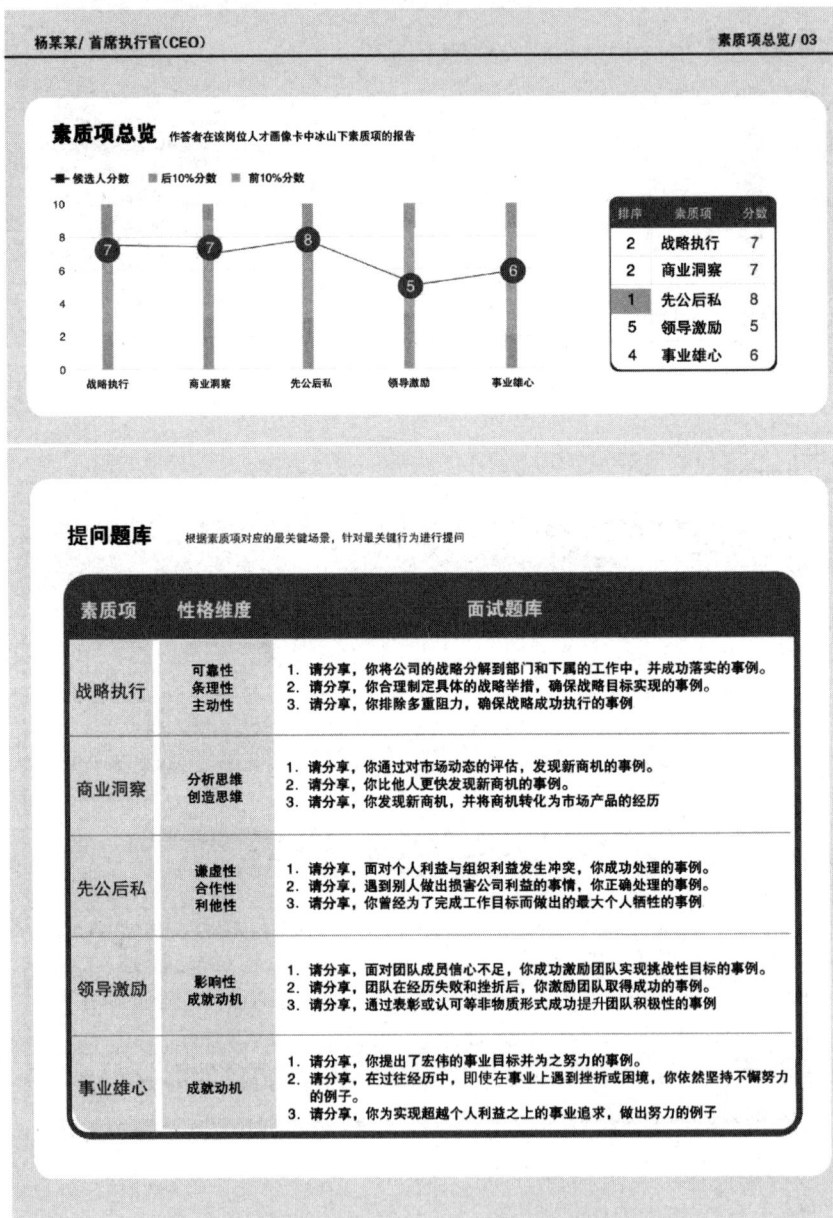

杨某某/ 首席执行官（CEO）　　　　　　　　　　　　　　　　　　　素质项总览/ 03

素质项总览　作答者在该岗位人才画像卡中冰山下素质项的报告

■● 候选人分数　　■ 后10%分数　　■ 前10%分数

排序	素质项	分数
2	战略执行	7
2	商业洞察	7
1	先公后私	8
5	领导激励	5
4	事业雄心	6

（图表：战略执行 7、商业洞察 7、先公后私 8、领导激励 5、事业雄心 6）

提问题库　根据素质项对应的最关键场景，针对最关键行为进行提问

素质项	性格维度	面试题库
战略执行	可靠性 条理性 主动性	1. 请分享，你将公司的战略分解到部门和下属的工作中，并成功落实的事例。 2. 请分享，你合理制定具体的战略举措，确保战略目标实现的事例。 3. 请分享，你排除多重阻力，确保战略成功执行的事例
商业洞察	分析思维 创造思维	1. 请分享，你通过对市场动态的评估，发现新商机的事例。 2. 请分享，你比他人更快发现新商机的事例。 3. 请分享，你发现新商机，并将商机转化为市场产品的经历
先公后私	谦虚性 合作性 利他性	1. 请分享，面对个人利益与组织利益发生冲突，你成功处理的事例。 2. 请分享，遇到别人做出损害公司利益的事情，你正确处理的事例。 3. 请分享，你曾经为了完成工作目标而做出的最大个人牺牲的事例
领导激励	影响性 成就动机	1. 请分享，面对团队成员信心不足，你成功激励团队实现挑战性目标的事例。 2. 请分享，团队在经历失败和挫折后，你激励团队取得成功的事例。 3. 请分享，通过表彰或认可等非物质形式成功提升团队积极性的事例
事业雄心	成就动机	1. 请分享，你提出了宏伟的事业目标并为之努力的事例。 2. 请分享，在过往经历中，即使在事业上遇到挫折或困境，你依然坚持不懈努力的例子。 3. 请分享，你为实现超越个人利益之上的事业追求，做出努力的例子

图 4-11　首席执行官（CEO）岗位画像报告

2. 首席市场官（CMO）岗位画像报告（见图 4-12）

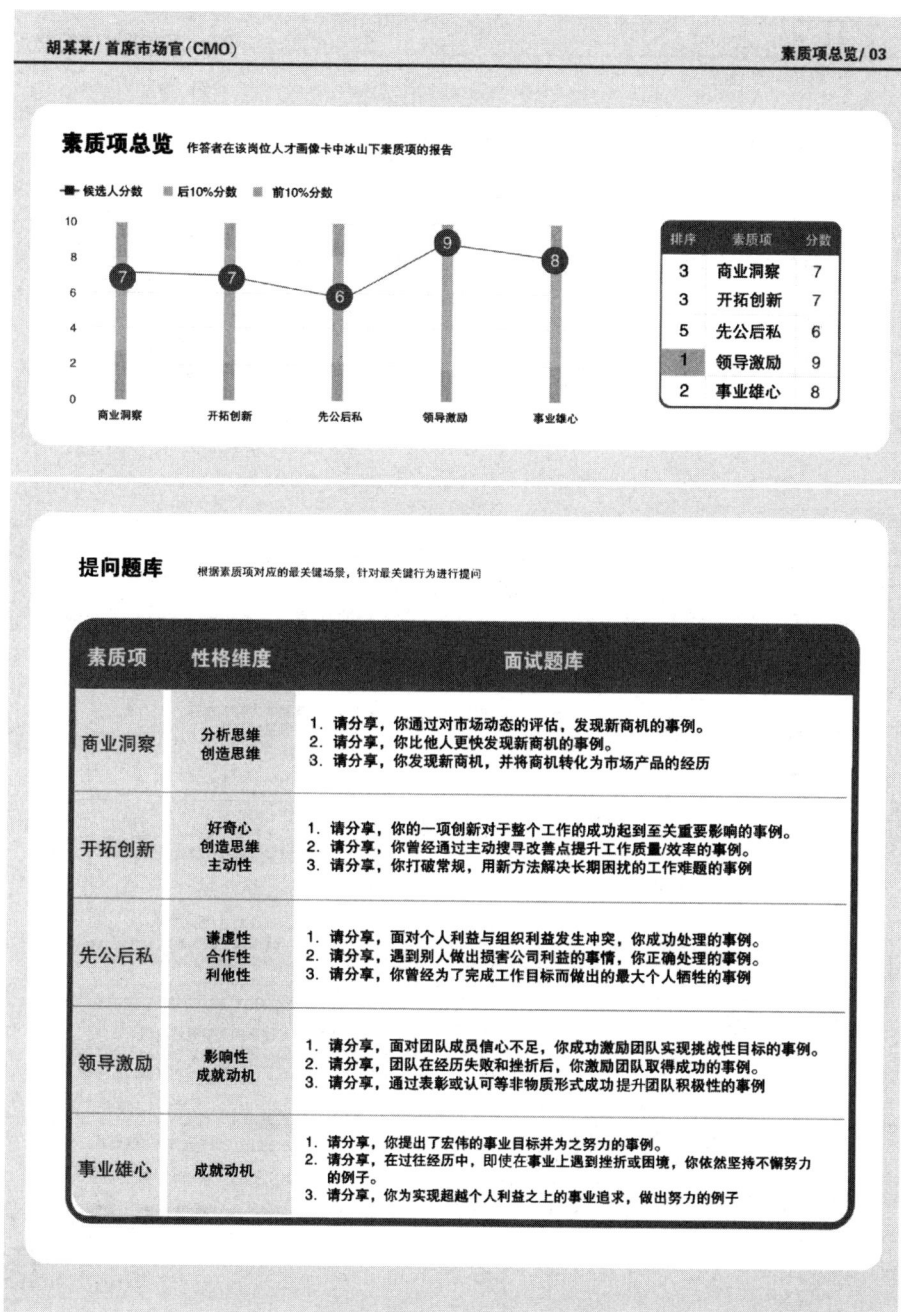

素质项总览　作答者在该岗位人才画像卡中冰山下素质项的报告

■■ 候选人分数　　■ 后10%分数　　■ 前10%分数

排序	素质项	分数
3	商业洞察	7
3	开拓创新	7
5	先公后私	6
1	领导激励	9
2	事业雄心	8

（图表横轴：商业洞察 7、开拓创新 7、先公后私 6、领导激励 9、事业雄心 8）

提问题库　根据素质项对应的最关键场景，针对最关键行为进行提问

素质项	性格维度	面试题库
商业洞察	分析思维 创造思维	1. 请分享，你通过对市场动态的评估，发现新商机的事例。 2. 请分享，你比他人更快发现新商机的事例。 3. 请分享，你发现新商机，并将商机转化为市场产品的经历
开拓创新	好奇心 创造思维 主动性	1. 请分享，你的一项创新对于整个工作的成功起到至关重要影响的事例。 2. 请分享，你曾经通过主动搜寻改善点提升工作质量/效率的事例。 3. 请分享，你打破常规，用新方法解决长期困扰的工作难题的事例
先公后私	谦虚性 合作性 利他性	1. 请分享，面对个人利益与组织利益发生冲突，你成功处理的事例。 2. 请分享，遇到别人做出损害公司利益的事情，你正确处理的事例。 3. 请分享，你曾经为了完成工作目标而做出的最大个人牺牲的事例
领导激励	影响性 成就动机	1. 请分享，面对团队成员信心不足，你成功激励团队实现挑战性目标的事例。 2. 请分享，团队在经历失败和挫折后，你激励团队取得成功的事例。 3. 请分享，通过表彰或认可等非物质形式成功提升团队积极性的事例
事业雄心	成就动机	1. 请分享，你提出了宏伟的事业目标并为之努力的事例。 2. 请分享，在过往经历中，即使在事业上遇到挫折或困境，你依然坚持不懈努力的例子。 3. 请分享，你为实现超越个人利益之上的事业追求，做出努力的例子

图 4-12　首席市场官（CMO）岗位画像报告

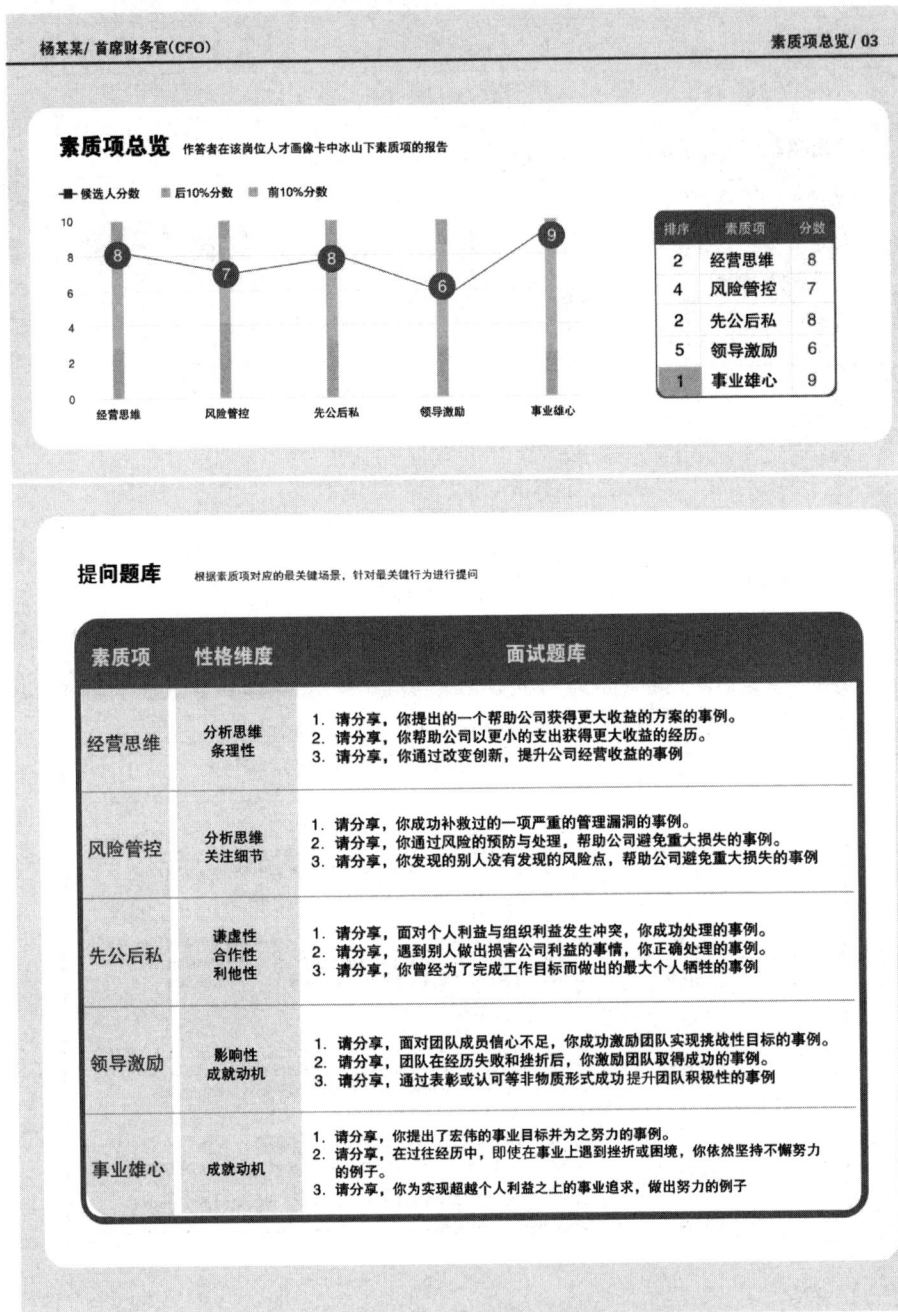

3. 首席財務官（CFO）崗位畫像報告（見圖 4-13）

素質項總覽 作答者在該崗位人才畫像卡中冰山下素質項的報告

○■□ 候選人分數   ■ 後10%分數   ■ 前10%分數

排序	素質項	分數
2	經營思維	8
4	風險管控	7
2	先公後私	8
5	領導激勵	6
1	事業雄心	9

經營思維 8　風險管控 7　先公後私 8　領導激勵 6　事業雄心 9

提問題庫 根據素質項對應的最關鍵場景，針對最關鍵行為進行提問

素質項	性格維度	面試題庫
經營思維	分析思維 條理性	1. 請分享，你提出的一個幫助公司獲得更大收益的方案的事例。 2. 請分享，你幫助公司以更小的支出獲得更大收益的經歷。 3. 請分享，你通過改變創新，提升公司經營收益的事例
風險管控	分析思維 關注細節	1. 請分享，你成功補救過的一項嚴重的管理漏洞的事例。 2. 請分享，你通過風險的預防和處理，幫助公司避免重大損失的事例。 3. 請分享，你發現的別人沒有發現的風險點，幫助公司避免重大損失的事例
先公後私	謙虛性 合作性 利他性	1. 請分享，面對個人利益與組織利益發生衝突，你成功處理的事例。 2. 請分享，遇到別人做出損害公司利益的事情，你正確處理的事例。 3. 請分享，你曾經為了完成工作目標而做出的最大個人犧牲的事例
領導激勵	影響性 成就動機	1. 請分享，面對團隊成員信心不足，你成功激勵團隊實現挑戰性目標的事例。 2. 請分享，團隊在經歷失敗和挫折後，你激勵團隊取得成功的事例。 3. 請分享，通過表彰或認可等非物質形式成功提升團隊積極性的事例
事業雄心	成就動機	1. 請分享，你提出了宏偉的事業目標並為之努力的事例。 2. 請分享，在過往經歷中，即使在事業上遇到挫折或困境，你依然堅持不懈努力的例子。 3. 請分享，你為實現超越個人利益之上的事業追求，做出努力的例子

圖 4-13　首席財務官（CFO）崗位畫像報告

4. 首席战略官（CSO）岗位画像报告（见图 4-14）

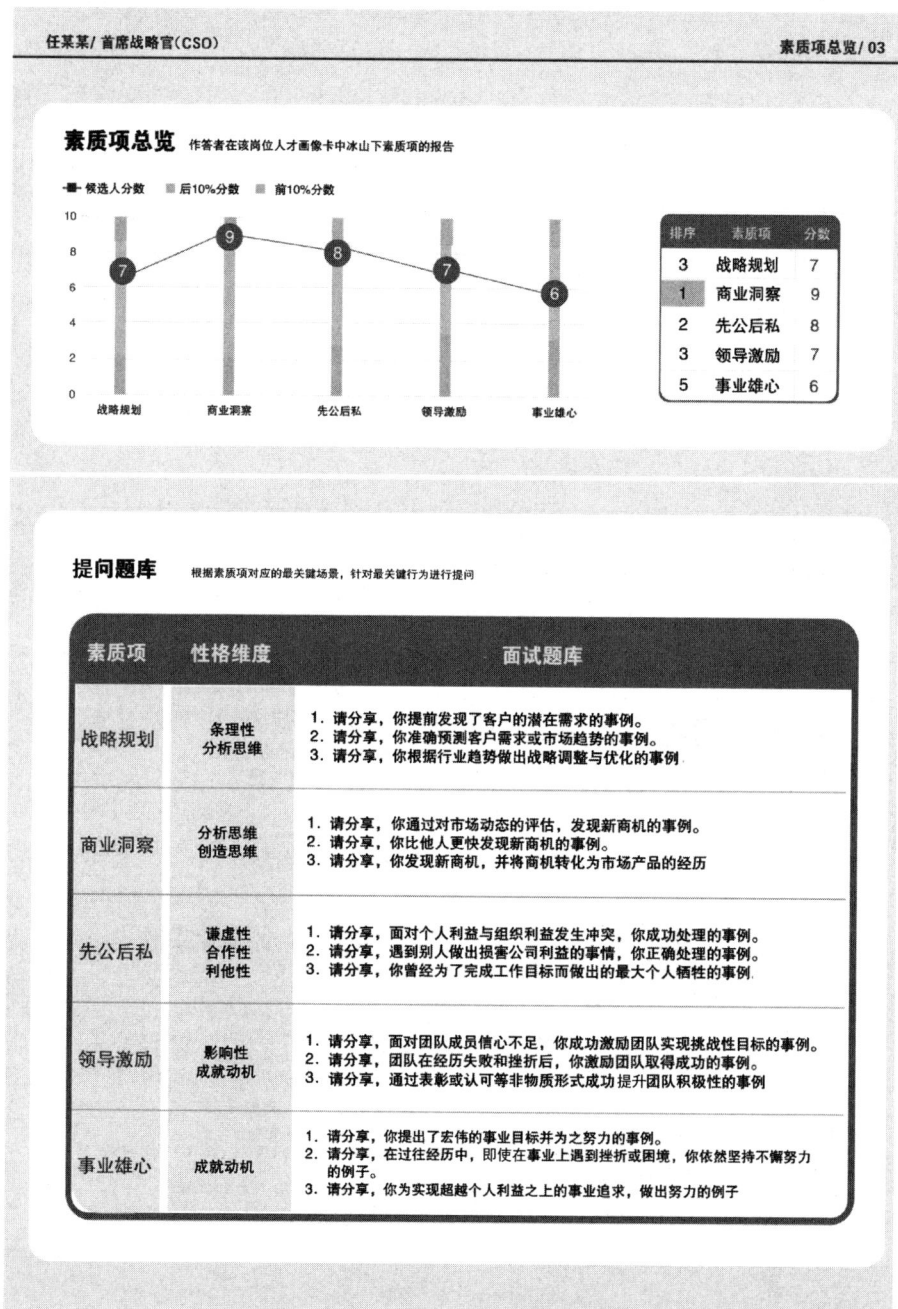

素质项总览　作答者在该岗位人才画像卡中冰山下素质项的报告

-■- 候选人分数　■ 后10%分数　■ 前10%分数

排序	素质项	分数
3	战略规划	7
1	商业洞察	9
2	先公后私	8
3	领导激励	7
5	事业雄心	6

战略规划　　商业洞察　　先公后私　　领导激励　　事业雄心

提问题库　根据素质项对应的最关键场景，针对最关键行为进行提问

素质项	性格维度	面试题库
战略规划	条理性 分析思维	1. 请分享，你提前发现了客户的潜在需求的事例。 2. 请分享，你准确预测客户需求或市场趋势的事例。 3. 请分享，你根据行业趋势做出战略调整与优化的事例。
商业洞察	分析思维 创造思维	1. 请分享，你通过对市场动态的评估，发现新商机的事例。 2. 请分享，你比他人更快发现新商机的事例。 3. 请分享，你发现新商机，并将商机转化为市场产品的经历。
先公后私	谦虚性 合作性 利他性	1. 请分享，面对个人利益与组织利益发生冲突，你成功处理的事例。 2. 请分享，遇到别人做出损害公司利益的事情，你正确处理的事例。 3. 请分享，你曾经为了完成工作目标而做出的最大个人牺牲的事例。
领导激励	影响性 成就动机	1. 请分享，面对团队成员信心不足，你成功激励团队实现挑战性目标的事例。 2. 请分享，团队在经历失败和挫折后，你激励团队取得成功的事例。 3. 请分享，通过表彰或认可等非物质形式成功提升团队积极性的事例。
事业雄心	成就动机	1. 请分享，你提出了宏伟的事业目标并为之努力的事例。 2. 请分享，在过往经历中，即使在事业上遇到挫折或困难，你依然坚持不懈努力的例子。 3. 请分享，你为实现超越个人利益之上的事业追求，做出努力的例子。

图 4-14　首席战略官（CSO）岗位画像报告

5. 首席人才官（CHO）岗位画像报告（见图4-15）

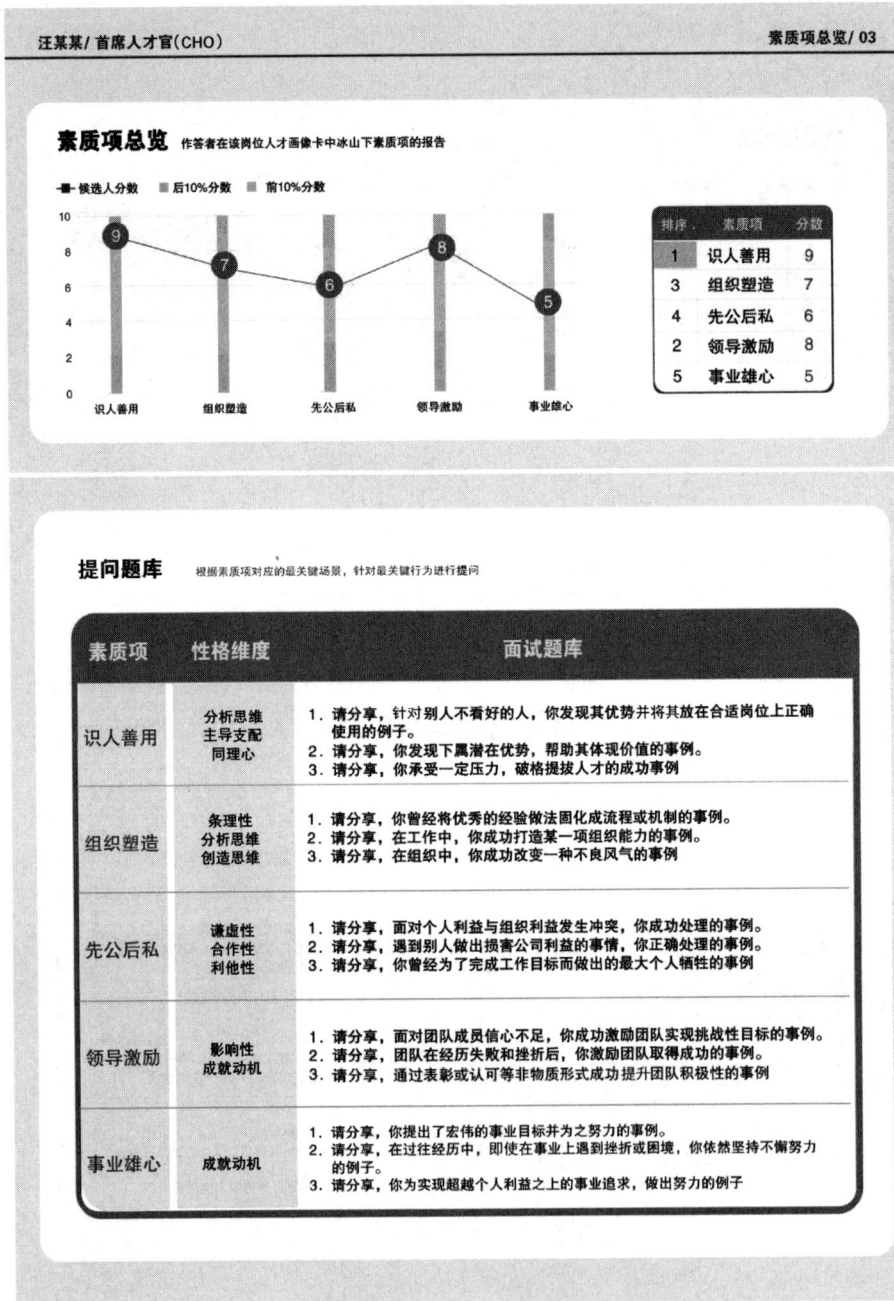

素质项总览　作答者在该岗位人才画像卡中冰山下素质项的报告

■━ 候选人分数　■ 后10%分数　■ 前10%分数

排序	素质项	分数
1	识人善用	9
3	组织塑造	7
4	先公后私	6
2	领导激励	8
5	事业雄心	5

提问题库　根据素质项对应的最关键场景，针对最关键行为进行提问

素质项	性格维度	面试题库
识人善用	分析思维 主导支配 同理心	1. 请分享，针对别人不看好的人，你发现其优势并将其放在合适岗位上正确使用的例子。 2. 请分享，你发现下属潜在优势，帮助其体现价值的事例。 3. 请分享，你承受一定压力，破格提拔人才的成功事例
组织塑造	条理性 分析思维 创造思维	1. 请分享，你曾经将优秀的经验做法固化成流程或机制的事例。 2. 请分享，在工作中，你成功打造某一项组织能力的事例。 3. 请分享，在组织中，你成功改变一种不良风气的事例
先公后私	谦虚性 合作性 利他性	1. 请分享，面对个人利益与组织利益发生冲突，你成功处理的事例。 2. 请分享，遇到别人做出损害公司利益的事情，你正确处理的事例。 3. 请分享，你曾经为了完成工作目标而做出的最大个人牺牲的事例
领导激励	影响性 成就动机	1. 请分享，面对团队成员信心不足，你成功激励团队实现挑战性目标的事例。 2. 请分享，团队在经历失败和挫折后，你激励团队取得成功的事例。 3. 请分享，通过表彰或认可等非物质形式成功提升团队积极性的事例
事业雄心	成就动机	1. 请分享，你提出了宏伟的事业目标并为之努力的事例。 2. 请分享，在过往经历中，即使在事业上遇到挫折或困境，你依然坚持不懈努力的例子。 3. 请分享，你为实现超越个人利益之上的事业追求，做出努力的例子

图4-15　首席人才官（CHO）岗位画像报告

6. 首席运营官（COO）岗位画像报告（见图 4-16）

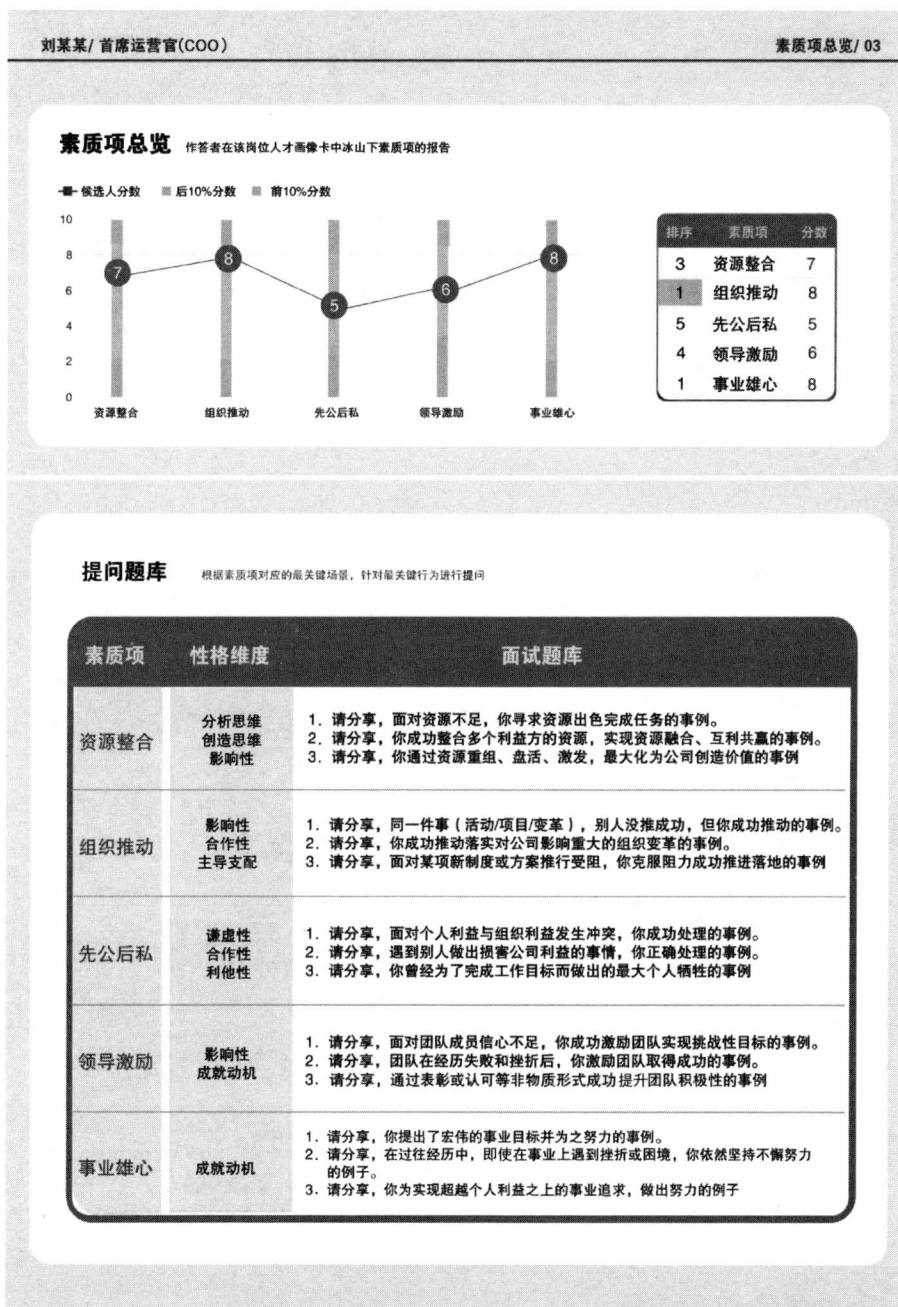

素质项总览　作者在该岗位人才画像卡中冰山下素质项的报告

■— 候选人分数　　■ 后10%分数　　■ 前10%分数

排序	素质项	分数
3	资源整合	7
1	组织推动	8
5	先公后私	5
4	领导激励	6
1	事业雄心	8

（折线图数值：资源整合 7、组织推动 8、先公后私 5、领导激励 6、事业雄心 8）

提问题库　根据素质项对应的最关键场景，针对最关键行为进行提问

素质项	性格维度	面试题库
资源整合	分析思维 创造思维 影响性	1. 请分享，面对资源不足，你寻求资源出色完成任务的事例。 2. 请分享，你成功整合多个利益方的资源，实现资源融合、互利共赢的事例。 3. 请分享，你通过资源重组、盘活、激发，最大化为公司创造价值的事例
组织推动	影响性 合作性 主导支配	1. 请分享，同一件事（活动/项目/变革），别人没推动成功，但你成功推动的事例。 2. 请分享，你成功推动落实对公司影响重大的组织变革的事例。 3. 请分享，面对某项新制度或方案推行受阻，你克服阻力成功推进落地的事例
先公后私	谦虚性 合作性 利他性	1. 请分享，面对个人利益与组织利益发生冲突，你成功处理的事例。 2. 请分享，遇到别人做出损害公司利益的事情，你正确处理的事例。 3. 请分享，你曾经为了完成工作目标而做出的最大个人牺牲的事例
领导激励	影响性 成就动机	1. 请分享，面对团队成员信心不足，你成功激励团队实现挑战性目标的事例。 2. 请分享，团队在经历失败和挫折后，你激励团队取得成功的事例。 3. 请分享，通过表彰或认可等非物质形式成功提升团队积极性的事例
事业雄心	成就动机	1. 请分享，你提出了宏伟的事业目标并为之努力的事例。 2. 请分享，在过往经历中，即使在事业上遇到挫折或困境，你依然坚持不懈努力的例子。 3. 请分享，你为实现超越个人利益之上的事业追求，做出努力的例子

图 4-16　首席运营官（COO）岗位画像报告

7. 首席信息官（CIO）岗位画像报告（见图 4-17）

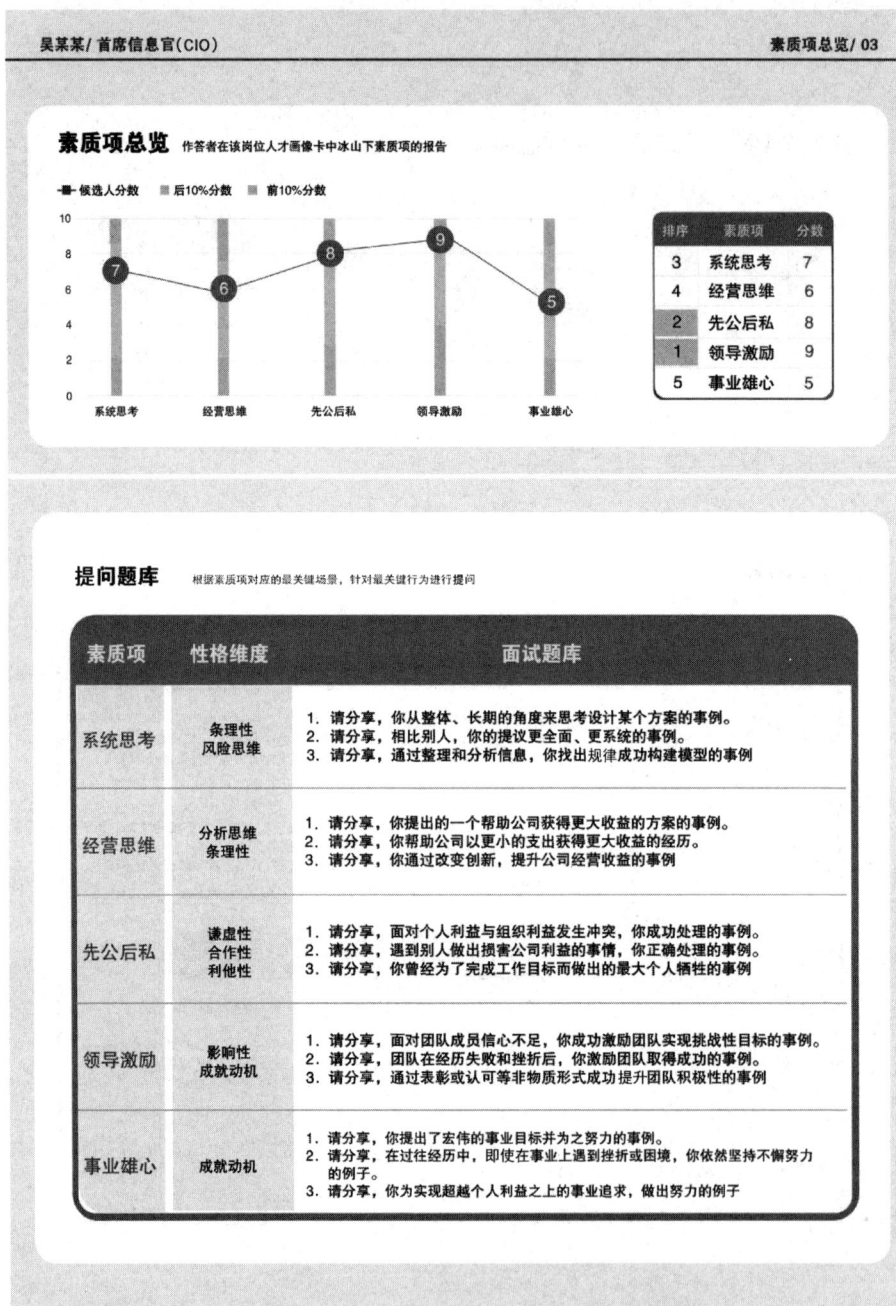

素质项总览 作答者在该岗位人才画像卡中冰山下素质项的报告

■—候选人分数　　■ 后10%分数　　■ 前10%分数

排序	素质项	分数
3	系统思考	7
4	经营思维	6
2	先公后私	8
1	领导激励	9
5	事业雄心	5

（柱状图：系统思考 7，经营思维 6，先公后私 8，领导激励 9，事业雄心 5）

提问题库 根据素质项对应的最关键场景，针对最关键行为进行提问

素质项	性格维度	面试题库
系统思考	条理性 风险思维	1. 请分享，你从整体、长期的角度来思考设计某个方案的事例。 2. 请分享，相比别人，你的提议更全面、更系统的事例。 3. 请分享，通过整理和分析信息，你找出规律成功构建模型的事例
经营思维	分析思维 条理性	1. 请分享，你提出的一个帮助公司获得更大收益的方案的事例。 2. 请分享，你帮助公司以更小的支出获得更大收益的经历。 3. 请分享，你通过改变创新，提升公司经营收益的事例
先公后私	谦虚性 合作性 利他性	1. 请分享，面对个人利益与组织利益发生冲突，你成功处理的事例。 2. 请分享，遇到别人做出损害公司利益的事情，你正确处理的事例。 3. 请分享，你曾经为了完成工作目标而做出的最大个人牺牲的事例
领导激励	影响性 成就动机	1. 请分享，面对团队成员信心不足，你成功激励团队实现挑战性目标的事例。 2. 请分享，团队在经历失败和挫折后，你激励团队取得成功的事例。 3. 请分享，通过表彰或认可等非物质形式成功提升团队积极性的事例
事业雄心	成就动机	1. 请分享，你提出了宏伟的事业目标并为之努力的事例。 2. 请分享，在过往经历中，即使在事业上遇到挫折或困境，你依然坚持不懈努力的例子。 3. 请分享，你为实现超越个人利益之上的事业追求，做出努力的例子

图 4-17　首席信息官（CIO）岗位画像报告

8. 首席产品官（CPO）岗位画像报告（见图 4-18）

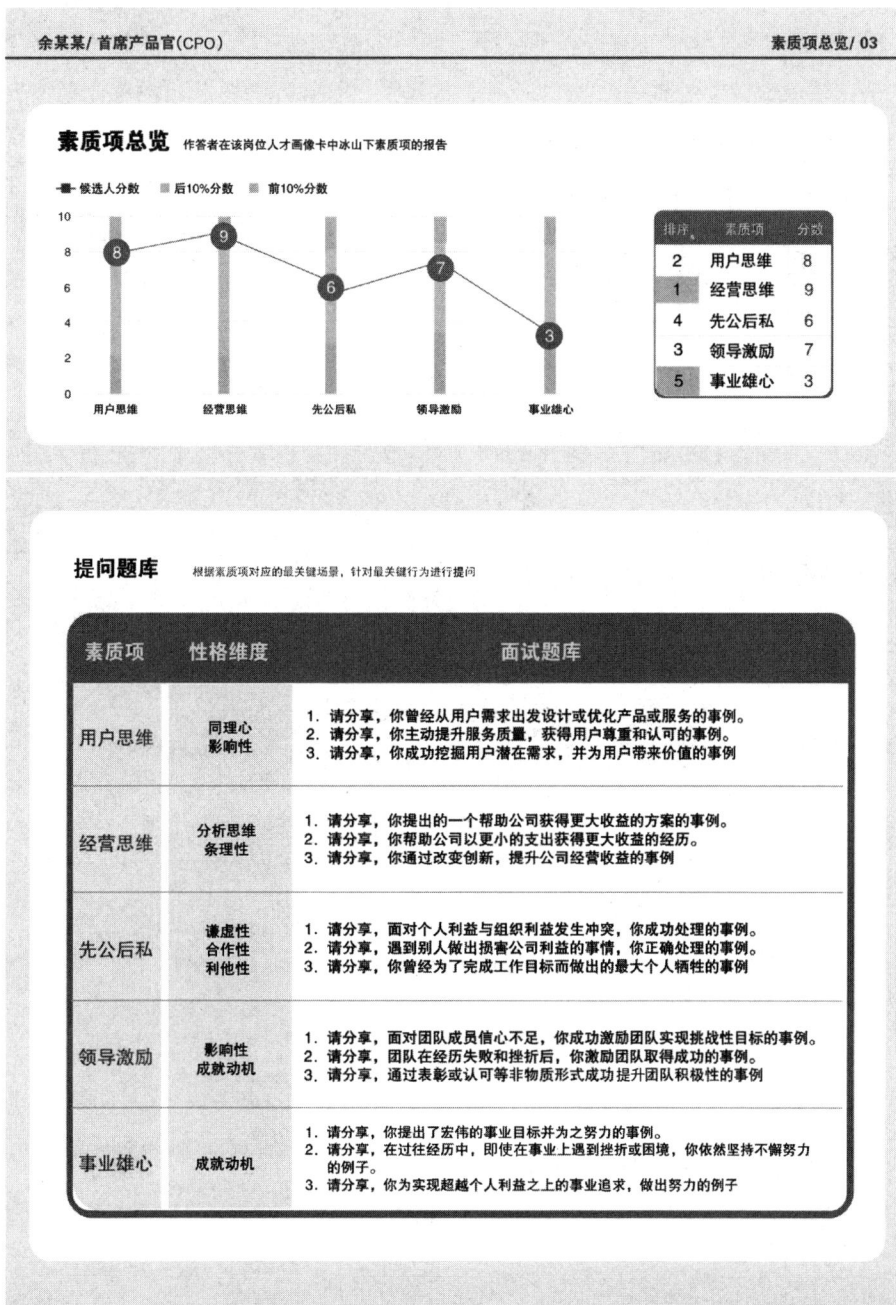

素质项总览 作答者在该岗位人才画像卡中冰山下素质项的报告

■— 候选人分数　　■ 后10%分数　　■ 前10%分数

排序	素质项	分数
2	用户思维	8
1	经营思维	9
4	先公后私	6
3	领导激励	7
5	事业雄心	3

（图表：用户思维 8，经营思维 9，先公后私 6，领导激励 7，事业雄心 3）

提问题库 根据素质项对应的最关键场景，针对最关键行为进行提问

素质项	性格维度	面试题库
用户思维	同理心 影响性	1. 请分享，你曾经从用户需求出发设计或优化产品或服务的事例。 2. 请分享，你主动提升服务质量，获得用户尊重和认可的事例。 3. 请分享，你成功挖掘用户潜在需求，并为用户带来价值的事例
经营思维	分析思维 条理性	1. 请分享，你提出的一个帮助公司获得更大收益的方案的事例。 2. 请分享，你帮助公司以更小的支出获得更大收益的经历。 3. 请分享，你通过改变创新，提升公司经营收益的事例
先公后私	谦虚性 合作性 利他性	1. 请分享，面对个人利益与组织利益发生冲突，你成功处理的事例。 2. 请分享，遇到别人做出损害公司利益的事情，你正确处理的事例。 3. 请分享，你曾经为了完成工作目标而做出的最大个人牺牲的事例
领导激励	影响性 成就动机	1. 请分享，面对团队成员信心不足，你成功激励团队实现挑战性目标的事例。 2. 请分享，团队在经历失败和挫折后，你激励团队取得成功的事例。 3. 请分享，通过表彰或认可等非物质形式成功提升团队积极性的事例
事业雄心	成就动机	1. 请分享，你提出了宏伟的事业目标并为之努力的事例。 2. 请分享，在过往经历中，即使在事业上遇到挫折或困境，你依然坚持不懈努力的例子。 3. 请分享，你为实现超越个人利益之上的事业追求，做出努力的例子

图 4-18 首席产品官（CPO）岗位画像报告

9. 首席技术官（CTO）岗位画像报告（见图 4-19）

素质项总览 作答者在该岗位人才画像卡中冰山下素质项的报告

■— 候选人分数　■ 后10%分数　■ 前10%分数

排序	素质项	分数
2	用户思维	8
4	开拓创新	7
1	先公后私	9
5	领导激励	6
2	事业雄心	8

（图表：用户思维 8、开拓创新 7、先公后私 9、领导激励 6、事业雄心 8）

提问题库 根据素质项对应的最关键场景，针对最关键行为进行提问

素质项	性格维度	面试题库
用户思维	同理心 影响性	1. 请分享，你曾经从用户需求出发设计或优化产品或服务的事例。 2. 请分享，你主动提升服务质量，获得用户尊重和认可的事例。 3. 请分享，你成功挖掘用户潜在需求，并为用户带来价值的事例
开拓创新	好奇心 创造思维 主动性	1. 请分享，你的一项创新对于整个工作的成功起到至关重要影响的事例。 2. 请分享，你曾经通过主动搜寻改善点提升工作质量/效率的事例。 3. 请分享，你打破常规，用新方法解决长期困扰的工作难题的事例
先公后私	谦虚性 合作性 利他性	1. 请分享，面对个人利益与组织利益发生冲突，你成功处理的事例。 2. 请分享，遇到别人做出损害公司利益的事情，你正确处理的事例。 3. 请分享，你曾经为了完成工作目标而做出的最大个人牺牲的事例
领导激励	影响性 成就动机	1. 请分享，面对团队成员信心不足，你成功激励团队实现挑战性目标的事例。 2. 请分享，团队在经历失败和挫折后，你激励团队取得成功的事例。 3. 请分享，通过表彰或认可等非物质形式成功提升团队积极性的事例
事业雄心	成就动机	1. 请分享，你提出了宏伟的事业目标并为之努力的事例。 2. 请分享，在过往经历中，即使在事业上遇到挫折或困境，你依然坚持不懈努力的例子。 3. 请分享，你为实现超越个人利益之上的事业追求，做出努力的例子

图 4-19　首席技术官（CTO）岗位画像报告

10．董秘岗位画像报告（见图 4-20）

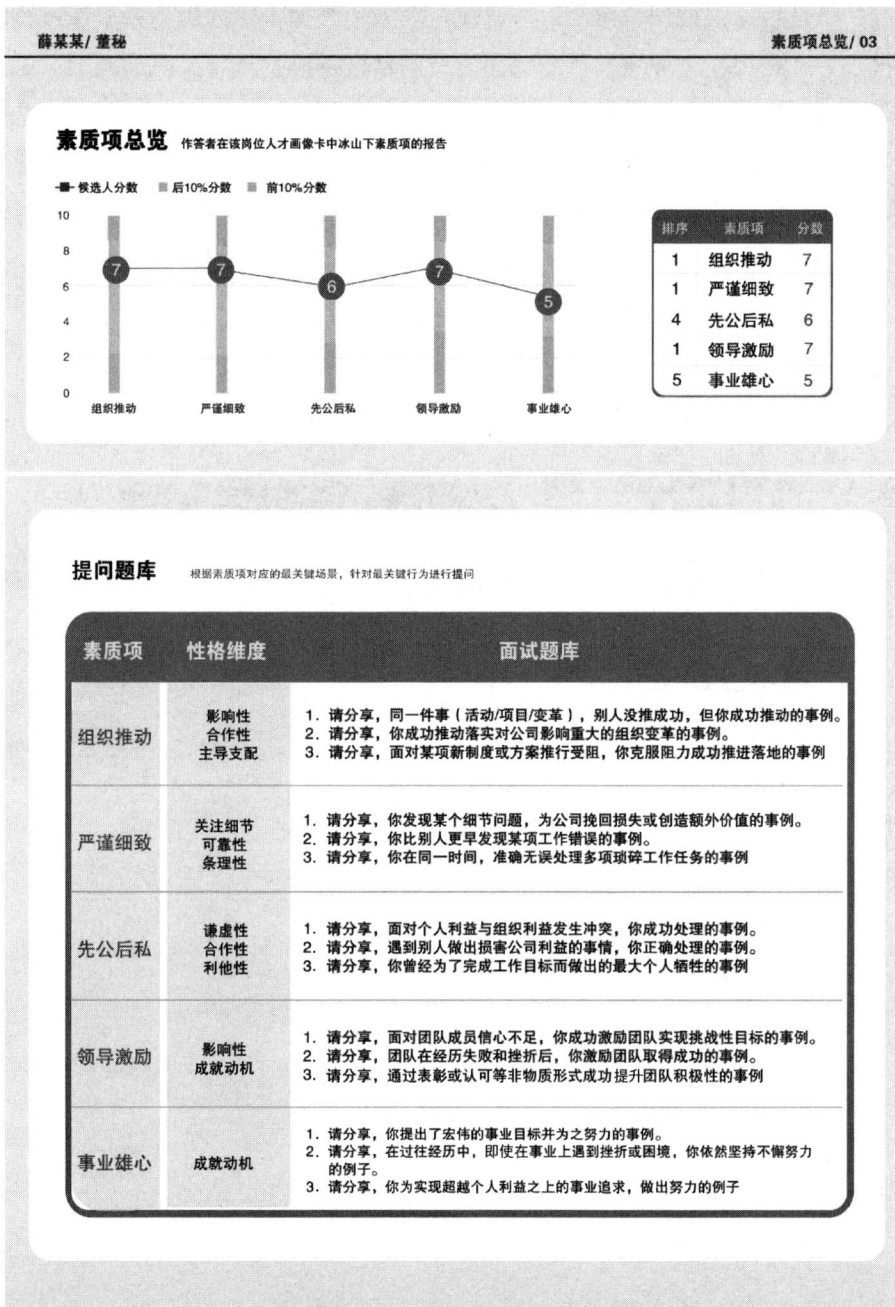

素质项总览 作答者在该岗位人才画像卡中冰山下素质项的报告

■—● 候选人分数　　■ 后10%分数　　■ 前10%分数

排序	素质项	分数
1	组织推动	7
1	严谨细致	7
4	先公后私	6
1	领导激励	7
5	事业雄心	5

（图表：组织推动 7、严谨细致 7、先公后私 6、领导激励 7、事业雄心 5）

提问题库 根据素质项对应的最关键场景，针对最关键行为进行提问

素质项	性格维度	面试题库
组织推动	影响性 合作性 主导支配	1．请分享，同一件事（活动/项目/变革），别人没推动成功，但你成功推动的事例。 2．请分享，你成功推动落实对公司影响重大的组织变革的事例。 3．请分享，面对某项新制度或方案推行受阻，你克服阻力成功推进落地的事例
严谨细致	关注细节 可靠性 条理性	1．请分享，你发现某个细节问题，为公司挽回损失或创造额外价值的事例。 2．请分享，你比别人更早发现某项工作错误的事例。 3．请分享，你在同一时间，准确无误处理多项琐碎工作任务的事例
先公后私	谦虚性 合作性 利他性	1．请分享，面对个人利益与组织利益发生冲突，你成功处理的事例。 2．请分享，遇到别人做出损害公司利益的事情，你正确处理的事例。 3．请分享，你曾经为了完成工作目标而做出的最大个人牺牲的事例
领导激励	影响性 成就动机	1．请分享，面对团队成员信心不足，你成功激励团队实现挑战性目标的事例。 2．请分享，团队在经历失败和挫折后，你激励团队取得成功的事例。 3．请分享，通过表彰或认可等非物质形式成功提升团队积极性的事例
事业雄心	成就动机	1．请分享，你提出了宏伟的事业目标并为之努力的事例。 2．请分享，在过往经历中，即使在事业上遇到挫折或困境，你依然坚持不懈努力的例子。 3．请分享，你为实现超越个人利益之上的事业追求，做出努力的例子

图 4-20　董秘岗位画像报告

　　总体来说，一份定制的关键岗位的岗位画像报告可以从以下四个方面实现定制，一是根据关键岗位定制人才画像，对人才画像卡中冰山下素质项进行测评报告；二是根据企业所在行业或岗位定制常模群体，让结果更加精准；三是基于企业语言、岗位场景对素质项定义、对面试题库进行定制，让面试官拿来即用；四是定制报告中企业 Logo，体现企业形象。无论是从德锐咨询的实践经验还是从调研发结果来看，定制人才画像对企业选人都是最有价值的。

　　企业对定制化测评的需求如图 4-21 所示。

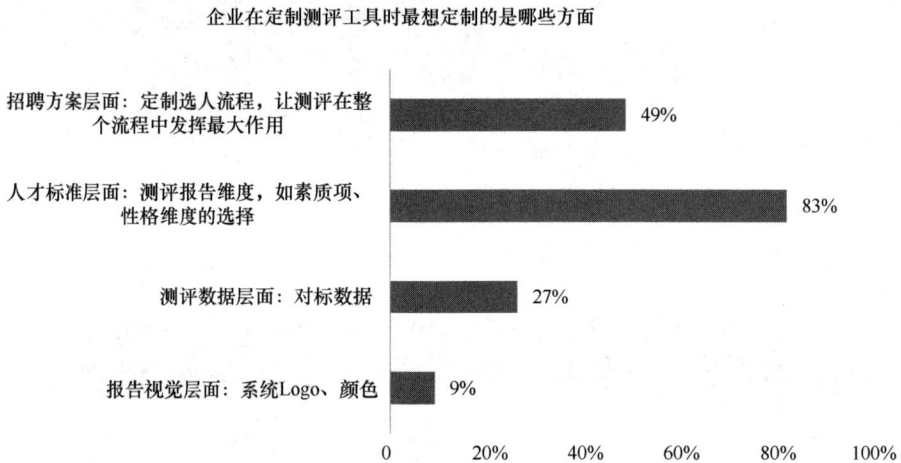

企业在定制测评工具时最想定制的是哪些方面

项目	百分比
招聘方案层面：定制选人流程，让测评在整个流程中发挥最大作用	49%
人才标准层面：测评报告维度，如素质项、性格维度的选择	83%
测评数据层面：对标数据	27%
报告视觉层面：系统Logo、颜色	9%

图 4-21　企业对定制化测评的需求

第五章

定制化测评筛选校招海量简历

> 时间是最为宝贵的资源，如果我们不能管理时间，便什么都不能管理。
>
> ——彼得·德鲁克

⇨ 校招海量简历之痛

没有简历的时候 HR 头疼，简历多了 HR 也头疼。在校招季，大量应届生集中进入招聘市场，简历、面试量明显暴增。简历增加给 HR 也带来了幸福的烦恼，需要投入大量时间协调相关人员完成面试工作。但同时一不小心就可能做了无用功，因为很多应届生缺少明确的职业兴趣、发展规划，所以大量海投、碰运气的简历混着优秀简历来到 HR 面前。对于应聘者来说投递简历没有任何成本，但对于企业来说每场面试都是时间、金钱的投入，如果花了大量时间面试根本不适合的人，则将造成巨大的浪费。

为此 HR 寻找各种方式提升简历质量，最常见也最快捷的方法是提高招聘岗位的"硬性"要求。例如，学历要求一升再升，从专科提升到本科，再提升到一本，再到双一流……这种方法看似快速拉高了候选人质量，但同时人才池收紧。过多的冰山上要求往往是不必要的，反而把一些胜任岗位的候选人挡在门外。因为高端背景人才选择空间更大，企业间的竞争更加激烈，如果企业设置的招聘标准过高，则很容易落入无人可选的尴尬境地。即使设置了合理的冰山上标准，如仅用冰山上的标准去筛选候选人，也只能将那些本不该投递简历的人筛选出去，无法达到提升候选群体与岗位适配度的目的。

随着招聘系统、测评工具的应用越来越多，部分企业通过设置网申、测评、笔试等环节实现初步筛选。这种方法的根本逻辑是，基于岗位要求设定网申、测评、笔试门槛标准，未达标准的候选人即被淘汰。网申、笔试的门槛值设定相对清晰，网申参考的更多是岗位冰山上要求，通过个人应聘信息收集即可判断；笔试更多是考察胜任岗位的必备专业知识，通过设置对应考卷设置录用门槛即可判断。但如何设立测评筛选标准，似乎是个"黑箱"，过严容易错失人才，过松达不到筛选目的。校招常见流程如图 5-1 所示。

图 5-1　校招常见流程

通过调研多家企业校招流程发现，从互联网大厂到传统家电企业，大型企业常在完成网申后即开展笔试/测评，将"考试"这一环节前置、线上化，根本原因就是为面试环节进行初筛。一是，通过增加应聘流程的环节，让海投、意向不高的投递者自然减少，减少不必要的面试量；二是根据岗位画像需要进行初筛，提升候选群体岗位匹配度。校招阶段简历量大、面试窗口期短、海投多、人岗匹配度难判断，企业将面试资源投入于更合适的人选，就能有效提升面试效率。

用测评让匹配者精准入围

应用测评工具进行人员筛选，也需针对岗位要求建立合适的门槛标准。建立门槛标准的方法有二，对于企业成熟岗位，可以参照第三章的组间对比法获取绩优人员关键性格特质，并基于当前人员表现设定门槛值。具体操作方法将在下节以德锐咨询为例，详细呈现。对于新岗位或难以收集测评数据的岗位，可根据通用标准设置门槛值。例如，可根据第三章中提到的关键行为提炼法萃取特殊人才画像，而后根据表 5-1 中建议的通用标准，参考人才画像中特质的关键程度设定门槛值。

表 5-1 中的分数背后的含义是候选人群的百分比。根据数据统计的规律，当数据量足够大时，所有测评作答者在各性格特质上的得分倾向于均匀分布在

1～100 分上，假设某性格特质得 30 分，意味着作答者在该维度的得分比人群中大概 30%的人高。因此设定 30 分为门槛值，就是淘汰最末的 30%的人选。

表 5-1　建立冰山下标准门槛值的通用标准（百分制测评）

关键程度	劣 汰 型	平 均 型	竞 争 型
关键特质	30 分	40 分	50 分
次关键特质	20 分	30 分	40 分

一般情况下，校招中测评门槛值仅采用劣汰型标准即可，即筛选掉最难以胜任岗位的候选人。当面试量过大或岗位要求偏高时，也可提升筛选标准。通过预估目标人才在市场中的相对水平，对应选择平均型或竞争型的门槛值。

以第三章中采用关键行为提炼法萃取采购专员画像为例，其中主导支配是明显的关键特质，好奇心、关注细节、自律性、可靠性是次关键特质。参照通用标准中的劣汰型标准，则主导支配门槛值为 30 分，其他特质门槛值为 20 分（见表 5-2）。

表 5-2　采购专员通用门槛值

性格特质类型	性 格 特 质	通用门槛值
关键特质	主导支配	30 分
次关键特质	好奇心	20 分
	关注细节	20 分
	自律性	20 分
	可靠性	20 分

德锐咨询用测评筛掉 20%的简历

德锐咨询从 2017 年开始举行校园招聘，2017 年秋招收获简历 100 份左右，2021 年春招简历量已超 1500 份，2021 年的整年简历量超 7000 份。招聘经理看到这样的简历量既兴奋又无奈："大家不睡觉也面试不了这么多人。"

为此，测评团队尝试通过性格测评进行筛选，提升面试效率，基于组间对比方法，通过五步骤完成了标准的建立与确认。

第一步：明确咨询顾问绩优群体

针对绩优人才体现的特点，从正向来看是未来选拔人才的标准，从反向来看如果候选人不具备这样的特征也很大可能无法胜任岗位。因此筛选标准可以通过绩优、绩差群体对比获得。

为此，测评团队组织公司合伙人提名"标杆人物"，从公司选出 20 位绩优咨询顾问，发现他们身上表现出极强的成就动机、钻研探索等特点，而公司希望未来的候选人能够具备这些特点。同时抽取 20 位无法胜任岗位的人员作为对照组进行组间对比。

第二步：测算咨询顾问绩优、绩差组间差异

收集了绩优、绩差两组人员测评结果，并对其进行对比分析。基于两群体在各性格特质维度的平均分、标准差来测算两个群体在各特质上的差异效应量（Cohen's D）。差异效应量不仅能够报告两组群体间是否存在差异，也能够量化描述差异究竟有多大。

测算结果发现，绩优、绩差群体首先是在影响性上的差异最大，其次是在主导支配与可靠性上差异大，最后是在成就动机、抗压性和条理性上差异大（见表 5-3）。

表 5-3　德锐咨询绩优绩差人员性格特质差异

差异较大的维度	Cohen's D	差异程度
影响性	0.85	大
主导支配	0.78	中
可靠性	0.65	中
成就动机	0.46	小
抗压性	0.43	小
条理性	0.42	小

注：Cohens'D 越大，两群体差异越大，>0.2 为存在差异，>0.5 为中等差异，>0.8 为差异明显，<0.2 为差异不显著。

第三步：发现咨询顾问绩优、绩差群体共同特质避免遗漏

在测算中发现，在好奇心、分析思维两个维度上绩优、绩差群体虽然没有

显著差异，但平均分均超过 70 分（超过 70 分视为在这个维度呈现出典型特征）（见表 5-4）。因此这两个特质被视为咨询顾问群体共同特征，在筛选中同样需关注。

表5-4 德锐咨询咨询顾问各特质平均值

特 质	绩优组平均值	绩差组平均值
分析思维	77	78
影响性	76	56
好奇心	75	75
成就动机	72	60
主导支配	70	52
创造思维	69	83
同理心	69	58
适应性	67	56
可靠性	66	51
主动性	66	62
自信度	64	56
自律性	63	53
独立性	62	60
条理性	60	48
活力性	59	50
乐群性	58	63
情绪控制	58	59
坚韧性	57	56
合作性	57	66
关注细节	55	49
抗压性	55	41
利他性	51	54
平和度	46	60
谦虚性	40	38

基于前三步已经找到在筛选中需要关注的维度，将组间差异最大和居中的三个维度——影响性、主导支配、可靠性作为关键维度；将组间差异中较小的三个维度——成就动机、抗压性、条理性，以及群体共同特质——分析思维、

好奇心作为次关键维度。

除此之外，又将作答风格中的作答一致性与自我认知维度纳入。通过作答一致性识别候选人是否认真作答，对应聘意愿进行判断；通过自我认知识别候选人是否存在明显认知偏差，如过于自我批评将很难应对咨询工作中的挑战，需要对典型自我批评的候选人进行筛选。最终形成了德锐咨询咨询顾问十大筛选项（见表5-5）。

表5-5 德锐咨询咨询顾问十大筛选项

维 度 类 型	筛 选 项
关键维度	影响性
	主导支配
	可靠性
次关键维度	成就动机
	抗压性
	条理性
	分析思维
	好奇心
作答风格	作答一致性
	自我认知

第四步：基于过往数据测算咨询顾问筛选门槛值

从成立之初，德锐咨询在招聘中就让每位候选人进行性格测评，至2021年已积累了数千份测评数据。通过测评进行劣汰，就相当于从这数千份测评结果中识别出在筛选项上相对最低的人并进行淘汰。

因此，我们对过往数千份数据在这些维度上的表现进行测算，并基于过往的数据结果建立门槛值。基于劣汰的需求，我们并没有对门槛值要求过高，仅希望在关键维度上识别出后30%的人；在次关键维度识别出后10%的人；识别出在作答风格上呈现出明显的作答不一致及过于自我批评的候选人。为此我们设定了德锐咨询咨询顾问筛选门槛标准（见表5-6）。

如果候选人测评结果有一条没有满足分数要求即亮一灯，灯越多越不可能胜任岗位。

表5-6　德锐咨询咨询顾问筛选门槛标准

维 度 类 型	筛 选 项	门 槛 标 准	对应分数要求
关键维度	影响性	高于30%	>42
	主导支配	高于30%	>55
	可靠性	高于30%	>42
次关键维度	成就动机	高于10%	>19
	抗压性	高于10%	>24
	条理性	高于10%	>15
	分析思维	高于10%	>34
	好奇心	高于10%	>28
作答风格	作答一致性	高于70	>70
	自我认知	低于93	<93

第五步：验证门槛值有效性

为了验证在第四步中的这些门槛值能否识别出优秀候选人，以及应该设定几灯为淘汰门槛，我们对过往测评结果依据门槛值进行筛选，看是否能找到那些胜任岗位的咨询顾问。

结果显示，亮 5 灯及以上的人员没有人通过试用期；通过试用期的人员中，唯一一位亮 4 灯的人员在转正不久后即离职，唯一一位亮 3 灯的人员在后期转岗到后台岗位。这一验证结果让测评团队为之一振——这个门槛值设定是有效的，可以识别出那些更有可能通过试用期的人员。我们最终设定对于亮 5 灯及以上的候选人即可考虑淘汰。

2021 年秋招，招聘团队即采用了这一门槛值标准进行了简历初步筛选，淘汰了约 20%的候选人，节省了超 300 小时的初试时间，校招复试通过率较以往同比增长了 4%。初试、复试中的面试时间节省加上后期培训投入、薪酬浪费，对于每次招聘季来说，以上这种筛选方式都将为德锐咨询节省数百万元的成本。

⇨ 关键发现

1. 校招由于简历量大、面试窗口期短、海投多、缺少工作经验导致对岗位匹配度难判断的特点，适合采用测评工具筛选。

2. 根据人才画像卡中的冰山上要求，能够筛选出非目标群体候选人。

3. 根据冰山下特质进行筛选，才能真正提升面试前候选群体质量。

4. 对于成熟岗位，基于过往测评数据可以精准地设置筛选门槛值。

5. 对于新岗位、没有测评数据积累的岗位，可以基于通用标准建立筛选门槛值。

第六章

解惑测评解读

人们满怀希望地以为技术可以解决人性化的问题和组织上的问题，其实不然。

——乔布斯

凡是基于科学的测评理论开发的测评工具，无论是通用式的，还是定制化的，都需要基于一定的专业知识，学会对测评结果进行解读。这是测评使用者需要跨过的一个不大不小的门槛。

通过我们对近百家企业调研数据发现，企业对于测评应用的难点，集中在如何用测评辅助面试判断与决策、如何快速精准地理解报告与如何用测评识别用人风险上，其核心，就是"如何用测评工具精准选人"。企业在应用性格测评上最急需解决的难点如图 6-1 所示。

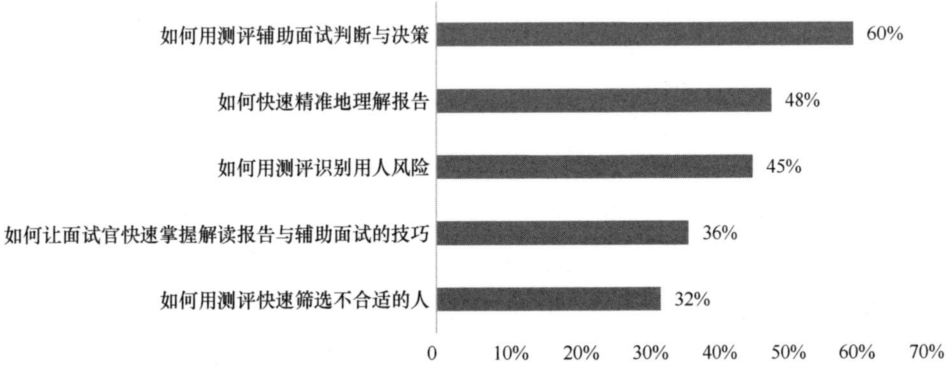

图 6-1 企业在应用性格测评上最急需解决的难点

⇨ 性格测评是什么，不是什么

在对性格测评的理解与应用上，企业有着较为普遍的极端化倾向，这种极端化，可能让企业在性格测评工具的应用中出现偏差。

一个极端是神话性格测评工具的作用，另一个极端是完全否定性格测评工具的价值；

一个极端是认为性格测评无所不包，另一个极端是将性格测评理解为很窄的范围；

一个极端是完全听命于性格测评工具，另一个极端是看不懂也不想用性格测评结果。

管理者在高效应用性格测评工具之前，首先应该清楚，性格测评是什么，不是什么（见表6-1）。

表6-1　性格测评的是与不是

序　　号	是　什　么	不　是　什　么
1	是决策参考	不是一票否决
2	是性格倾向	不是职业能力
3	是认知投射	不是凭空臆测
4	是工具为人所用	不是人听命于工具
5	是相对水平	不是绝对水平

性格测评是决策参考，不是一票否决。企业在做用人与选人决策时，可以性格测评结果作为参考的依据，帮助自己更加深入地了解候选人，但不能以测评工具的结果作为决策的依据，更不能据此一票否决用人的决策。

性格测评是性格倾向，不是职业能力。性格测评是以心理测量学为基础开发的测评工具，其测量的是测评对象的性格倾向，而不是其能否胜任工作的职业能力。对于职业能力，有智商、阅读能力、理解能力等方面的测试，但都与性格测评有较大差异。

性格测评是认知投射，不是凭空臆测。性格测评大多数是以自陈方式（基于自我评价得出个人性格特质的结果，而非他人评价的方式）进行的测评，它代表的是测评对象对于自我性格的认知，跟实际情况可能存在无法规避的偏差。这种偏差有些来自自我认知的不准确，有些来自测评对象的掩饰倾向。但无论如何，性格测评都是基于测评对象真实情况的认知投射，而不是其本人或者其他人的凭空臆测。

性格测评是工具为人所用，不是人听命于工具。性格测评是辅助管理者识人用人的工具，工具需要为使用它的人服务，帮助管理者做出更加精准的判断。但管理者不能过度依赖工具，更不能受制于工具。

性格测评看重的是相对高低，不是绝对的得分。性格测评报告中展示的分数的高低，受到测评对象本人答题倾向的影响，整体分值有高低的差异，所以绝对的分值并不一定代表其本人的真实情况。更何况，测评报告中展示出来的分值，往往是与常模数据对比的结果，并不是原始的分值。相比于绝对分值，测评报告中不同性格维度之间分值的差异对比，更具有参考价值，那些明显的对比点，就是测评对象本人明显的性格特征表现。

能直接用测评结果筛人吗

"测评结果会显示这个人适不适合我们这个岗位吗？"

这是在为企业提供测评服务时，我们经常被问到的一句话，似乎大家都希望能够通过一个简单的测评直接帮着做出选人决策。

不合格的八号性格销售负责人

"我们要招一位销售负责人，首先要看他是不是八号性格，因为八号性格比较霸气，有领导力。"

这是一家企业的总经理在招聘销售负责人的时候提出的明确要求。所谓八号性格，是九型人格中的一个性格类型。这位总经理根据自己对九型人格的简单了解，认为这种类型的销售负责人一定能够带来好业绩，而人格类型的简单划分，似乎也让这家企业感觉到选人"不那么难"了——"每个岗位对应一个人格类型就好了"。

公开资料显示，九型人格中的八号性格的人具备以下的特点：

"渴望在社会上与人群中有作为，并担当他们的领导者，个性冲动，自信，有正义感，喜欢替他人做主和发号施令。"

经过不懈地努力，该企业终于招聘到一位靠近八号性格的销售负责人。这位负责人确实表现出极强的自信和决策能力，但同时也表现出独断与对人际关系的低敏感度。他加入该企业之后还没有做出让人信服的业绩，却已产生不良影响——销售团队里两位核心骨干相继离开，其他人员也人心浮动。

这时候，总经理和管理团队认识到了问题的严重性，经过跟这位销售负责人沟通，他本人也感觉到了自己并没有表现出这个岗位的胜任力，主动提出了辞职。

而总经理，也陷入了自我反思，到底哪里出了问题？是选人标准的问题吗？

好的性格测评工具不一定是复杂的，但如果一个测评工具让选人的判断过度简单化，那我们也应该保持警惕。如上文所说，测评工具"是决策参考，不是一票否决"，"是工具为人所用，不是人听命于工具"。机器、系统没有办法直接告诉我们是否该选用一位候选人的答案，作为管理者，也不该有这种懒汉思维。

那些总是期望机器和系统给出答案的管理者，我们称之为患上了机器依赖症。进行面试决策时，过度依赖机器和系统，存在很大的风险。一方面，系统直接产生的测评结果会让那些偏掩饰的人轻易过关，会让企业选了不该选的人；另一方面，测评结果会让那些过于坦诚和谦逊的人吃亏，会让企业淘汰了不该淘汰的人。

⇨ 只有专家才能解读测评报告吗

除了机器依赖症，管理者在应用测评工具时，还容易患上另外一种症状——专业恐惧症。

很多管理者，认为测评结果只有专家才能解读，一般管理者不具有解读能力，不能用测评工具。当然，管理者的专业恐惧症，一方面源于对测评工具专业知识未知的恐惧；另一方面，一些专业人士的故作高深也起到了不良的作用。有些测评机构，为了强化企业对于自身的依赖度，有意夸大测评工具应用专业壁垒。

一家高科技企业将测评工具用于选人很久了，但问到这些管理者对于该测评工具的了解程度时，大家都懵懵懂懂。

在这家企业，从专业出身的人力资源总监，到普通管理者，大家普遍都有一种对于测评工具的敬畏感——花费了很大成本采购的测评工具，却没有让所有面试官用起来。

对于专业的测评工具，需要经过正式的解读技巧培训学习，才能够被管理者掌握。但对解读技巧掌握的难度，并不如我们以为的那么高。

所有的测评都是为人服务的，将其用于选人决策，需要管理者学会解读。相比于专家解读，管理者解读更契合岗位对人才的需求，也更具有普及的价值。

如何用测评识别"伪装者"

"有些候选人做过很多测评，知道该怎么作答对自己有利，这个结果就很难反映他或她本人实际情况了吧？"

这是企业在选人中应用测评工具时经常会有的顾虑。

性格测评是一种自陈式的测评，其结果受到本人坦诚程度、自我认知水平等因素的影响。但凡是专业的测评工具，基本都有一个比较基础的功能，就是我们通常所说的"防伪装"。

一位看似完美的候选人

在一次招聘中，一位有着很亮眼实习经历的应届生候选人，获得了两位面试官一致的高评价。他们都认为该候选人表现得自信且专业，而且整个过程都表现得很有想法，而且还能关注到一些细节问题。

初试之后，该候选人进行了 DR01（德锐人才性格测评），在看到该候选人的报告后，两位面试官都有点诧异——测评报告显示，其性格特征中的几乎所有维度都有很高的分数，绝大多数在 90 分以上（见图 6-2）。虽然面试中评价很高，但这个测评结果显然超出了正常的范围。

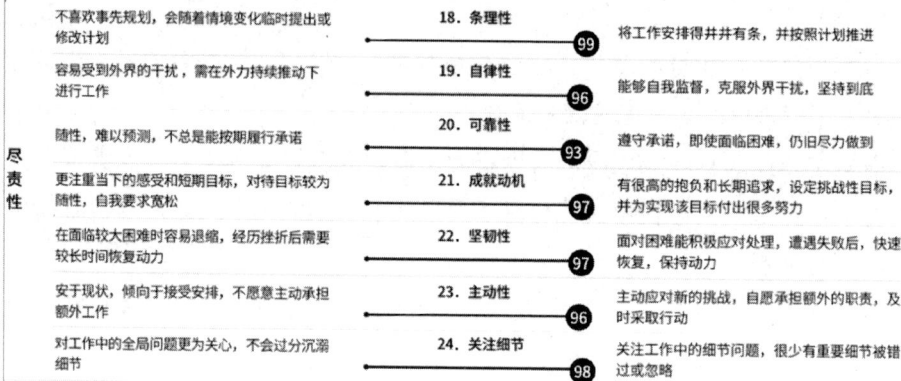

尽责性		
不喜欢事先规划，会随着情境变化临时提出或修改计划	**18. 条理性** ⟨99⟩	将工作安排得井井有条，并按照计划推进
容易受到外界的干扰，需在外力持续推动下进行工作	**19. 自律性** ⟨96⟩	能够自我监督，克服外界干扰，坚持到底
随性，难以预测，不总是能按期履行承诺	**20. 可靠性** ⟨93⟩	遵守承诺，即使面临困难，仍旧尽力做到
更注重当下的感受和短期目标，对待目标较为随性，自我要求宽松	**21. 成就动机** ⟨97⟩	有很高的抱负和长期追求，设定挑战性目标，并为实现该目标付出很多努力
在面临较大困难时容易退缩，经历挫折后需要较长时间恢复动力	**22. 坚韧性** ⟨97⟩	面对困难能积极应对处理，遭遇失败后，快速恢复，保持动力
安于现状，倾向于接受安排，不愿意主动承担额外工作	**23. 主动性** ⟨96⟩	主动应对新的挑战，自愿承担额外的职责，及时采取行动
对工作中的全局问题更为关心，不会过分沉溺细节	**24. 关注细节** ⟨98⟩	关注工作中的细节问题，很少有重要细节被错过或忽略

图 6-2　一位看似完美候选人的测评报告（局部）

两位面试官再去看报告中显示的作答风格，看出了问题所在（见图 6-3）。一个问题是，报告显示，这位候选人在作答时的自我表露程度偏低，表明其存在比较明显的自我掩饰倾向。另一个问题是，该候选人有比较明显的自我表彰倾向，说明其在自我认知上有较为明显的偏差——对自己的评价要高于他人对自己的评价。

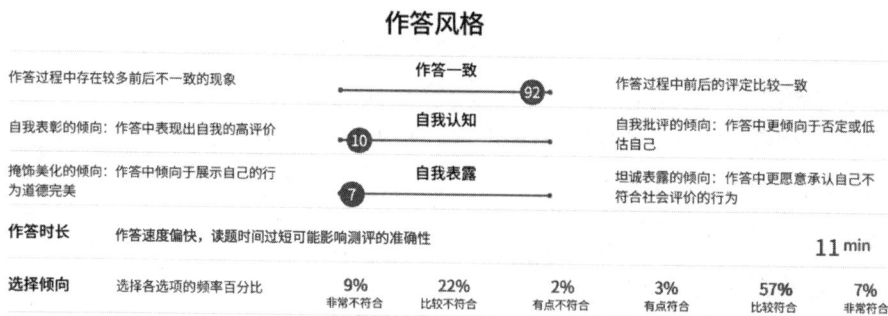

作答风格

作答过程中存在较多前后不一致的现象	**作答一致** ⟨92⟩	作答过程中前后的评定比较一致
自我表彰的倾向：作答中表现出自我的高评价	**自我认知** ⟨10⟩	自我批评的倾向：作答中更倾向于否定或低估自己
掩饰美化的倾向：作答中倾向于展示自己的行为道德完美	**自我表露** ⟨7⟩	坦诚表露的倾向：作答中更愿意承认自己不符合社会评价的行为

作答时长　作答速度偏快，读题时间过短可能影响测评的准确性　　**11** min

选择倾向	选择各选项的频率百分比	9% 非常不符合	22% 比较不符合	2% 有点不符合	3% 有点符合	57% 比较符合	7% 非常符合

图 6-3　一位看似完美候选人的测评作答风格

两位面试官认为有必要再次与该候选人做些沟通，以打消心中的顾虑。经过几次沟通后，又约了一次面试——两位面试官以线上视频的方式与该候选人沟通。对于这一次的加试，显然是在候选人预期之外的，他显得没有准备，过程中也表现出有些不耐烦。

这次加试，没有打消两位面试官的顾虑，反而加深了对其真实情况的怀疑。至少，两位面试官都认为，这位候选人确实有些自我感觉良好，又不太能够坦诚交流。正当几位面试官商讨该如何拒绝候选人的时候，这位候选人给招聘人员回复了信息：放弃这次机会。这让两位面试官不是感到惋惜，而是释然地舒了一口气。

在招聘场景下，候选人总会有较强的动机伪装，伪装的方向，当然是让自己看起来更好。常用的性格测评工具，一般都会有一些防伪的题目，并在报告中展示出来。

在 DR01（德锐人才性格测评）中，从以下几个方面呈现了被测评者在多大程度上真实作答了。所有的管理者在解读报告之前，都应该学会解读这些信息。

一是作答是否保持较高一致性。只有那些作答一致性程度较高的报告（一般高于 70 分），才能够反映被测评者的实际情况。那些低于参考值的测评报告，一般存在两种情况，一是被测评者没有认真作答，二是被测评者中途被打断或出现了时间间隔。作答一致性示例如图 6-4 所示。

作答风格

作答过程中存在较多前后不一致的现象	作答一致 92	作答过程中前后的评定比较一致

图 6-4 作答一致性示例

二是作答时间是否在合理范围内。合理的作答范围是 15 分钟至 40 分钟，过短的作答时间可能意味着被测评者没有认真审题，随意作答；过长的作答时间，可能意味着作答者思考过多，没有按照自己的第一反应作答，容易出现社会称许性偏差——按照被社会称许的方向作答。作答时长示例如图 6-5 所示。

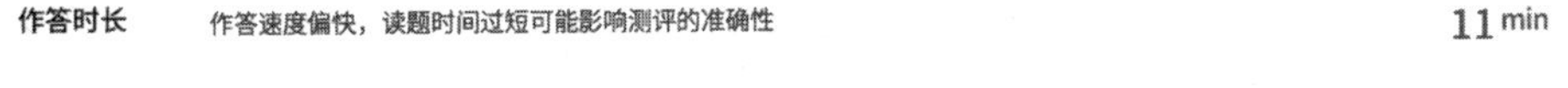

作答时长　作答速度偏快，读题时间过短可能影响测评的准确性　11 min

图 6-5 作答时长示例

三是选项分布是否存在明显偏差。如果被测评者的作答题目过于集中在某一个维度上，可能意味着被测评者有无法反映实际情况的选择倾向。选择倾向示例如图 6-6 所示。

选择倾向	选择各选项的频率百分比	8% 非常不符合	14% 比较不符合	8% 有点不符合	11% 有点符合	33% 比较符合	26% 非常符合

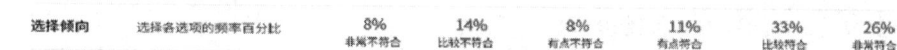

图 6-6　选择倾向示例

四是自我认知是否准确。自我认知是一个人对于自己的认识和评价，现实生活中，大多数人并不能清楚而客观地认识自己。一种情况是，被测评者自我认知偏高，认为自己的品质与能力高于大多数人的水平，也高于自己的实际情况，我们说这类人有偏自负的倾向；另一种情况是，被测评者自我认知偏低，认为自己的品质与能力低于大多数人，也低于自己的实际情况，这一类人有自谦的倾向。不管是哪一种倾向，都会让报告偏离被测评者的实际情况。所以自我认知的数值是否在正常的范围（10～90）内，也能够反映测评的客观性和真实性。自我认知示例如图 6-7 所示。

自我表彰的倾向：作答中表现出自我的高评价　　**自我认知**　　自我批评的倾向：作答中更倾向于否定或低
　　　　　　　　　　　　　　　　　　　　32　　　　　　估自己

图 6-7　自我认知示例

五是自我表露程度是高还是低。大多数人在向他人表露自己上都偏向于保守，往往会把自己真实的一面隐藏起来，尤其是在应聘的场景下，更是如此。如果被测评者倾向于坦诚表现自己的各种性格侧面，则测评报告会更能够反映其真实情况，如果被测评者倾向于掩饰自己，那么测评报告的真实度就会打个折扣。自我表露程度示例如图 6-8 所示。

掩饰美化的倾向：作答中倾向于展示自己的行　　**自我表露**　　坦诚表露的倾向：作答中更愿意承认自己不
为道德完美　　　　　　　　　　　　　　7　　　　符合社会评价的行为

图 6-8　自我表露程度示例

测评中，只是识别是否伪装还不够，能够最大限度地规避伪装，让被测评者按照真实情况作答，才是更有价值的。当前很多领先的性格测评工具，包括 DR01（德锐人才性格测评）在内，都启用了迫选的作答方式。迫选的测评方式，在某种程度上能够规避程度判断问卷测评存在的问题即被测评者自行对程度做出判断，受主观因素的影响较大。

迫选式的测评，不是对一道题目做出程度判断，而是同时给出多个题目，让候选人在几个题目中选择最符合的、最不符合的，并做出排序。这种迫选的方式，能强制被测评者对于多个描述进行排序，更能够反映被测评者的真实性格情况，在某种程度上能够规避过度"伪装"的情况。

程度判断（李科特式）测评示意图如图 6-9 所示。

图 6-9　程度判断（李科特式）测评示意图

迫选问卷测评示意图如图 6-10 所示。

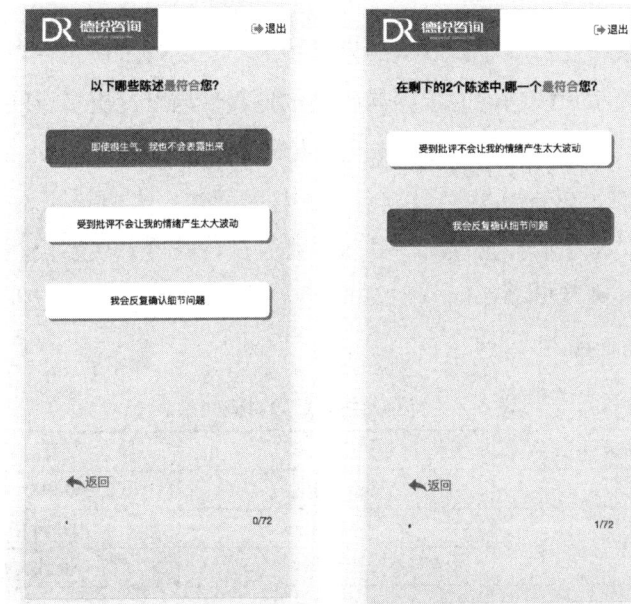

图 6-10　迫选问卷测评示意图

如何看大五人格的性格概况图

在选人时解读测评报告，有一种简洁、直观的方式，帮助我们更快速地对于候选人的性格倾向做出判断。这种方式是，将大五人格的五个方面对应到管理三维度：自我管理、人际管理和任务管理。

大五人格中的情绪稳定性特质可以对应到自我管理。其反映了被测评者对于自我情绪和状态的管理、把控能力。大五人格的性格概况示例如图 6-11 所示。

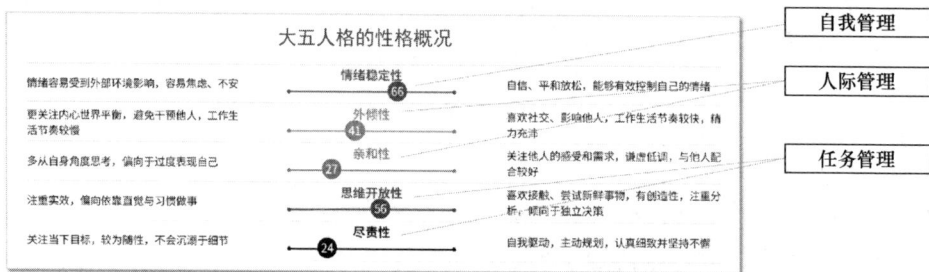

图 6-11 大五人格的性格概况示例

外倾性、亲和性特质可以对应到人际管理。其反映了被测评者对于与他人互动的和人际关系管理的能力或倾向。其中外倾性维度，更多反映一个人群体间的人际能力，亲和性更多体现个体间的人际能力。

思维开放性、尽责性特质可以对应到任务管理。其反映了对于规划、推进、完成任务过程中的性格倾向。其中思维开放性维度，更多反映被测评者的思考力，尽责性维度更多体现一个人的目标导向与执行力。大五人格与能力对应关系表如表 6-2 所示。

表 6-2 大五人格与能力对应关系表

管理三维度	大 五 人 格	能 力
自我管理	情绪稳定性	情绪管理能力
人际管理	外倾性	群体间人际能力
	亲和性	个体间人际能力
任务管理	思维开放性	思考力
	尽责性	执行力

在看候选人的测评报告时，可以通过取平均分的方式，对候选人的整体风格倾向做对比判断。如果其任务管理的平均分处于最高分位置，则该候选人的风格偏向于任务，对于事务的敏感性会高于人际和自我情绪。如果人际管理的平均分处于最高位置，则该候选人的整体风格是更关注人际关系，在与人相处上会有相对优势，其对于人际需求敏感度会高于对任务和自我情绪的敏感度。如果自我管理的平均分处于最高位置，则该候选人最明显的性格特点是，对自我情绪的管理较好，在大多数时候都能够做到从容淡定，但在人际关系或任务管理上，不一定有明显优势。

在如图 6-12 所示的报告中，代表情绪管理能力的情绪稳定性分值为 66，代表人际管理能力的平均分为 34，代表任务管理能力的平均分为 40。可以看出，被测评者的情绪管理能力最为突出。其次，相比于人际管理能力，他的任务导向稍明显，说明其在处理任务上比处理人际关系上更得心应手一些。

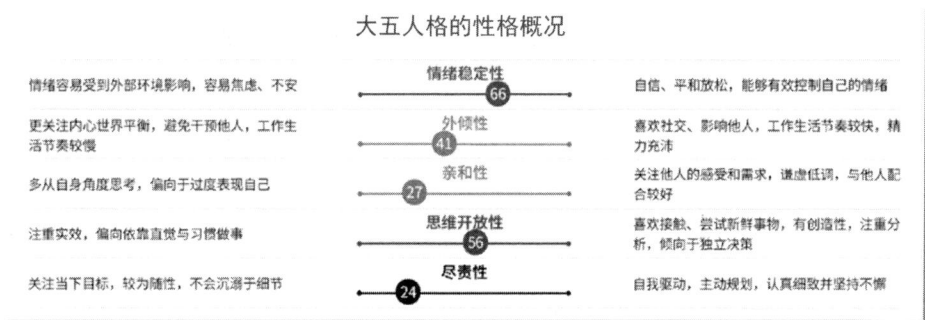

图 6-12　报告示例

如何用性格特质判断人才画像

在选人中应用测评报告，最重要的是判断候选人是否与目标岗位匹配，目标岗位的人才画像所对应的性格维度，是我们解读的重点。

如表 6-3 所示，德锐咨询的人才画像包括五个素质项：先公后私、钻研探索、卓越交付、影响推动、聪慧敏锐。每个素质项都对应了多个性格特质，在招聘中解读候选人的性格测评报告时，这些维度需要重点关注。

表 6-3　德锐咨询人才画像及对应大五人格的性格特质

人　才　画　像	对应大五人格的性格特质
先公后私	利他性、主动性、合作性、可靠性
钻研探索	分析思维、好奇心
卓越交付	可靠性、关注细节、坚韧性、主动性
影响推动	影响性、主导支配、成就动机、自信度
聪慧敏锐	同理心、分析思维

如图 6-13 所示的报告中，以对应人才画像的性格特质相对分值进行直观的判断，可以看到一些有价值的信息。将这些信息总结起来，可以形成如表 6-4 所示的德锐咨询咨询顾问人才画像对应性格特质表，帮助面试官对候选人做出更全面的判断。

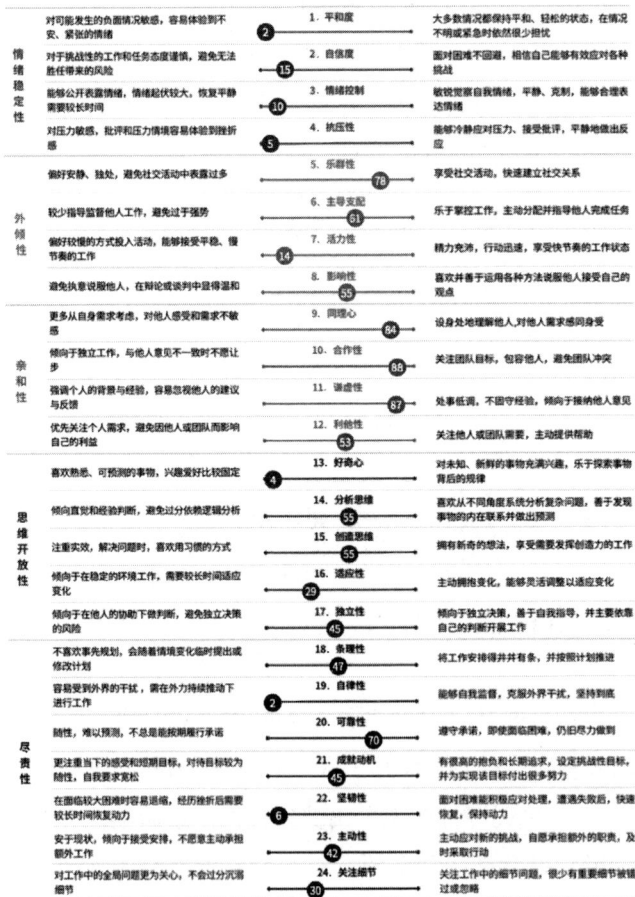

图 6-13　某候选人 DR01（德锐人才性格测评）报告（局部）

表6-4 德锐咨询咨询顾问人才画像对应性格特质表

人才画像	对应性格特质	综 合 分
先公后私	利他性—中高、主动性—中、合作性—高、可靠性—中高	中高
钻研探索	分析思维—中、好奇心—低	中低
卓越交付	可靠性—中高、关注细节—中低、坚韧性—低、主动性—中	中低
影响推动	影响性—中、主导支配—中高、成就动机—中、自信度—低	中
聪慧敏锐	同理心—高、分析思维—中	中高

从统计结果可以看出，该候选人的先公后私、聪慧敏锐方面表现较好，风险较小，钻研探索、卓越交付方面存在较大风险，需要重点在面试中考察，而影响推动方面的风险中等，重点考察下自信度即可。

任何一个岗位，在选人时都应该先形成基于素质能力的人才画像，基于画像去筛选人才。而测评工具的应用，应该首先将性格特质对应到人才画像，基于画像去应用测评工具，这样才不至于在解读测评报告时偏离人才选拔的真实需求。

如何准确解读测评报告

在利用测评报告进行选人时，应该避免应用上存在的误区。正如在前文中所列出的性格测评的是与不是，我们既不能过度依赖性格测评，也不能完全忽视测评结果。要让测评结果发挥最大的作用，还需要注意在选人上解读报告的一些要点。

1. 测评报告要通过专业解读来使用，否则容易误读，适得其反

相比于一些卡通式的测评工具，对于专业的性格测评工具都需要掌握一定的专业知识才能够解读、应用，但这种专业性又是一般管理者通过训练都能够掌握的。所以，管理者在选人中应用测评工具时，还是需要经过专业训练，学会专业的解读方法。

2. 先看报告的伪装性，整体判断报告的可读性高低

专业的性格测评报告，都有防伪装功能。它们或通过专业的问卷和系统设计，最大限度减少伪装带来的负面影响，或者通过报告中特定的内容去展现报告的可信度。使用性格测评报告时，使用者都需要先了解测评报告的可参考性——如作答一致性、自我表露程度等，再基于测评结果来辅助判断。

3．解读流程，先总后分

解读报告应按先总后分原则，即先看大五人格的整体趋势，对于被测评者的整体性格特质有个初步的认识，再基于人才画像看细分特质维度，最终做出更为精细、精准的判断。

4．要看报告的相对水平，而不是只关注绝对水平

那些专业的性格测评报告中所显示的分数，基本都是与常模对比的相对位置，而不是绝对分值。而且每个个体的自我认知、自我表露程度等都有所差异，所以，去比较绝对值参考价值不大，看报告时应以个体自己所有性格特质维度之间的相对位置，作为认识候选人的主要依据。

5．关注人岗匹配，而不只是分数高低

任何一个专业的测评报告，一般并没有一个绝对的分数界限，告诉我们高于多少或低于多少分是合适的。而且，因为不同岗位对于人才素质的要求不同，其性格特质的倾向性也有差异，所以，看候选人测评报告时，重点关注其与岗位的匹配性即可，分数的高低不是最主要的。

6．不光关注分数，还要关注描述

除了关注每一个性格特质维度的分数和位置之外，还有一个重要的因素需要关注，就是测评报告中的描述。其分值对应的具体描述，提供给我们更为充分的信息，以判断候选人是否适合。所以，除了看分数和相对位置，更要看对应的具体描述。

7．重点看高分项和低分项

在测评报告中，明显的高分和低分性格特质，往往更能代表被测评者的性格特点，所以我们可以重点关注候选人的高分特质与低分特质。尽管有些维度并不是对应人才画像的重点维度，但是如果存在一些极端的性格倾向，也可能会在用人上存在风险，所以需要关注。

如图 6-14 所示，该候选人在好奇心、主动性和关注细节上的相对分值较为极端。即使其应聘的岗位对于这些性格特质要求并不高，我们也需要关注到，该候选人缺少探索新奇事物的倾向，做事情也中规中矩，不会是主动去担当的那一个人。而且，这位候选人做事情有较大可能性会比较毛躁，容易出现小错

误或小失误。这些潜在的风险，都应该作为判断该候选人能否胜任目标岗位的参考因素。

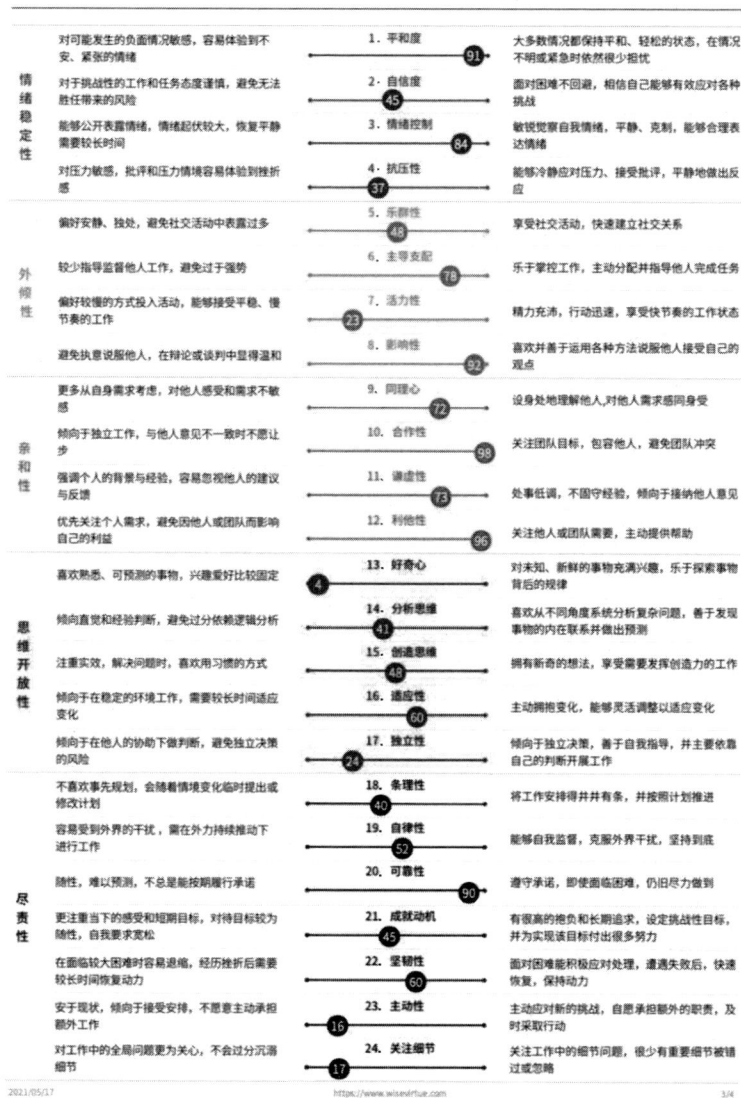

图 6-14　高分项与低分项对比报告示例

8．不轻易用测评警戒线淘汰人

正如前文所述，性格测评是在人才选拔中的一个信息来源，是对候选人综合评估的一个参考依据。如果只参考测评结果，未结合面试情况进行交叉验证，会让错误判断的概率变大。所以，需要提醒的是，不能轻易用测评警戒线淘汰人——除非是通过数据分析等手段，对于测评结果做过验证，并且候选人数量过大，需要通过测评结果将面试的重点进行聚焦的时候。

⇨ 测评结果最好在招聘的哪个环节用

基于近百家企业调研结果发现，在初试后使用性格测评的比例最高，近20%的企业会选择终试后进行测评。从图 6-15 中可以看出一般企业在招聘的哪个环节开展测评。

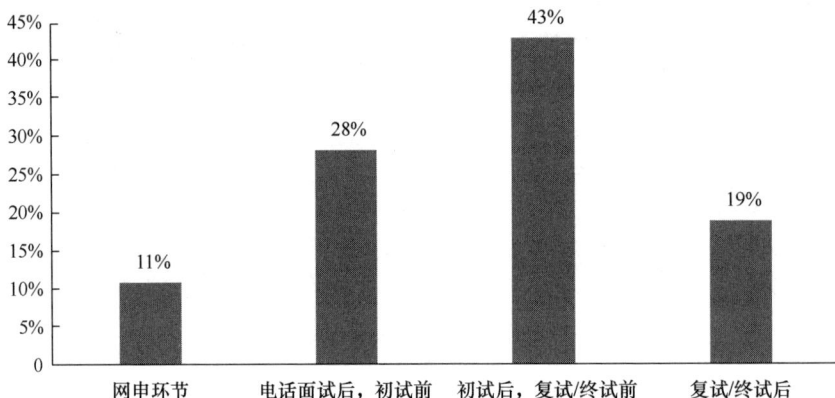

图 6-15　一般企业在招聘的哪个环节开展测评

测评结果可以应用在招聘选拔的多个环节，如果单纯从应用价值的角度而言，候选人越早做测评越好。

越早做测评，面试官就能够越早参考测评结果再做有针对性的面试提问；

越早做测评，面试官就能够越早参考测评结果，对候选人做更加全面的判断；

越早做测评，招聘人员还可以基于之前积累的测评数据，在候选人数过多的情况下，做一些初步筛选；

越早做测评，还可以为企业积累更加丰富的测评数据，便于开展一些初试通过与未通过人员、复试通过与未通过人员、试用期通过与未通过人员等的对比研究，让测评数据发挥更大的价值。

当然，相比于在复试环节开始应用测评工具，在更早的环节做测评，会覆盖更大的人群，会涉及成本投入的问题。越早做测评，测评用量更大，成本更高，尤其是早期环节的候选人不确定性更大，可能会有一些测评投入形成浪费。

但基于前文的说明，我们的建议是，越早应用越好。在成本可控的情况下，尽量在初试之前就请候选人做测评。无数次对招错人的成本计算表明，招错一个人的损失，少则数万元，多则几十万元，甚至上百万元、上千万元。相比而言，测评问卷的成本就微不足道了。

▣➡ 测评结果与面试官判断不一致怎么办

性格测评结果是选人中重要的参考信息，但我们不能够完全依赖测评结果来选人。

不论是测评工具本身的信效度，还是被测评者自己作答的真实程度，都会影响测评的结果，甚至其作答时所处的环境和情绪状态，都会对结果有一定影响。所以，测评结果某种程度上可以作为我们选人的参考，但不能作为唯一的依据，需要结合面试官对于候选人的考察评估结果，综合判断。甚至，作为参考信息，面试评估结果应该优先于测评结果。

面试判断和测评结果一致时，是强化我们做出的判断；不一致时，是提醒我们再做判断。大多数时候，有经验的面试官所做出的判断与测评结果会互相印证，但也难免出现两者不一致的情况。如果两种结果一致，算是两个信息渠道所获取候选人信息的交叉验证，可以增强我们做出判断的信心。如果两者结果不一致，是一个明确的提醒，提醒面试官避免匆忙做出聘用与否的决定，需针对面试或测评的疑点再次进行深入考察，确保判断准确性。

一个让面试官纠结的候选人

真测公司是一家测评机构，在该公司，测评研发经理是一个很重要的岗位。公司管理层很早就研讨出针对该岗位的人才画像卡，其中冰山下的素质方面，钻研探索是一个非常重要的标准（见表6-5）。

表6-5　真测公司研发经理人才画像卡

人才画像卡		
岗位名称	研发经理	
冰山上 （学历、经验、技能）	1. 三年以上研发相关工作经历 2. 本科学历	
冰山下 （价值观、素质、潜力、动机、个性）	考察项	精准提问话术
	全局意识	1. 请分享，你曾经为了实现公司整体利益而在部门利益或个人利益做出让步的例子
		2. 请分享，你在工作内容已经非常饱和的情况下，依然接受组织更多任务安排的例子
		3. 请分享，你比其他人更充分地从整体和全局角度出发，做出决策的事例
	钻研探索	1. 请分享，你主导解决的最复杂的技术性问题的事例
		2. 请分享，你发现并引入的一项创新，为公司带来重大突破的事例
		3. 请分享，你通过不断学习新知识和新技能提升工作效率的事例
	团队管理	1. 请分享，你曾将士气低送的松散团队打造成高绩效团队的事例
		2. 请分享，你成功扭转团队当中不良习气的事例
		3. 请分享，你曾经克服困难，带领团队完成得最成功的一次任务
	用户思维	1. 请分享，你曾经从用户需求出发设计或优化产品或服务的事例
		2. 请分享，你主动提升服务质量，获得用户尊重和认可的事例
		3. 请分享，你成功挖掘用户潜在需求，并为用户带来价值的事例
	目标导向	1. 请分享，你比别人更清断地理解和把握目标，组织资源和力量实现目标的事例
		2. 请分享，你克服困难或抵制透惑，坚定目标并达成的事例
		3. 请分享，你从最终目标出发，灵活调整策略达成目标的事例

　　面试官在面试中重点考察了钻研探索这个素质项。在面试中，面试官和候选人有以下这样一段对话。

　　面试官：我看到你在之前的经历中，曾经做过测评研发，请分享一个你主导解决专业难题的事例。

候选人：那说一个在我的上一份工作中的事例吧。当时公司在做竞聘，想给参加竞聘的员工做一个测评，当时就是我来做这个事情的。

面试官：为什么会选择你来做呢？

候选人：因为知道我之前有过相关经历，其他人确实也都没有经验。

面试官：那你是怎么做的呢？

候选人：我就是先对竞聘目标岗位进行分析，收集了该岗位职责描述文件，再跟该岗位所在部门负责人和公司内资深的人员做了讨论，确定了要考察的点。其实测评的重点就是思考能力和人际协作两方面，我就开发了重点测评这两个方面的问卷。

面试官：你自己独立开发的吗？

候选人：主要是我开发的吧，也跟同事简单讨论过，他们没有太多的修改。

面试官：应用的效果怎么样？

候选人：应用效果还不错，当时也提前做了一些信效度的验证，最后测评出来的结果跟大家的判断还是比较一致的。

至此，面试官对该候选人钻研探索方面的判断是，中高水平。随后，面试官看到了该候选人的性格测评报告（见图6-16），让面试官再次有了顾虑。

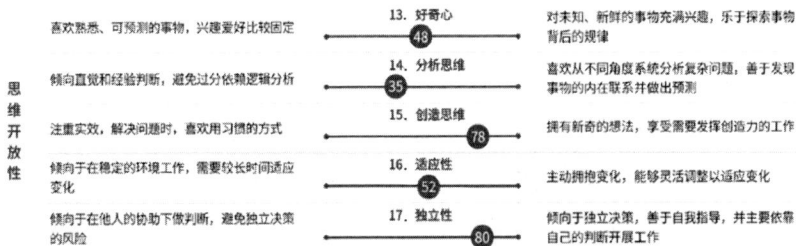

图 6-16 真测公司研发经理性格测评结果（局部）

从该测评报告的结果来看，报告的有效性等在正常范围内，其中在好奇心、分析思维两个维度的得分显示，该研发经理的钻研探索的素质并不好。

基于这点，面试官开始再次就上面的事例，深度考察候选人的钻研探索能力。

面试官：你提到你之前有过相关经验，是参与过这个过程吗？

候选人：是的，之前做了几年相关工作，对这个过程比较熟悉了。

面试官：在你自己做这个事情的时候，过程中的最大难点是什么？

候选人：其实这个过程我比较熟悉了，而且也有之前工作的一些资料可以参考，过程也不太难。

面试官：那你对这个开发的过程做了什么改进吗？

候选人：这个过程其实是一般企业比较通用的做法，我觉得这个过程比较成熟了，应该也不需要做太多改进。而且我会比较追求效率，按照原来的方法比较快，就没有想太多其他的。

之后，面试官再次提问其他钻研探索的事例，候选人一直没有太多表现出通过自己的好奇、主动探索等方式，对现成的工作流程、方法做出改进的素质能力。

两位面试官最后综合评定，该候选人的钻研探索这一素质项上的表现，算是中低的水平，匹配该公司研发经理这一岗位有些勉强。

通过测评或面试来对候选人做出判断，其根本目的都是评估候选人素质与岗位需求之间的匹配性。当这种匹配性存疑时，需要以强化面试的方式持续挖掘真实的信息。

德锐咨询提出了面试决策矩阵（见图 6-17），针对面试评价与测评结果是否一致，有四种情形。

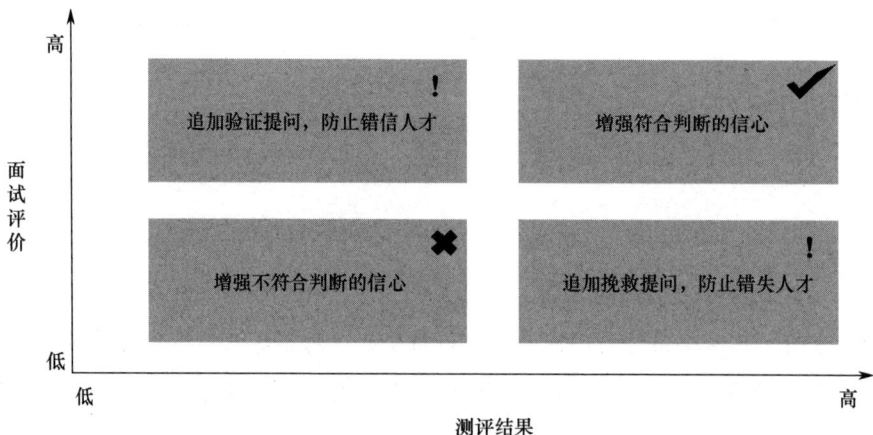

图 6-17　面试决策矩阵

第一种情形：增强符合判断的信心。面试评价与测评结果都比较理想，即面试评价结果表明其岗位匹配性高，测评结果也表明匹配性高，此时两种工具的判断结果可以增强录用决策的信心。

第二种情形：增强不符合判断的信心。面试评价与测评结果都不太理想，即面试结果表明其岗位匹配性低，测评结果也表明匹配性低，此时，两种工具的判断结果可以互相验证，增强不录用决策的信心。

第三种情形：追加验证提问，防止错信人才。面试评价表明其岗位匹配性高，而测评结果表明匹配性低，此时应该追加验证提问，提问的重点是测评结果显示的疑点，防止单纯面试结果产生的印象，让面试官做出错误判断。

第四种情形：追加挽救提问，防止错失人才。面试评价表明其岗位匹配性低，而测评结果表明匹配性高，此时应该追加挽救提问，再次验证其面试中的疑点及与面试和测评不一致的地方，防止因之前面试中的不佳印象错失人才。

⇨ 关键发现

1．性格测评应作为工具为人所用，而不是人听命于工具。

2．好的测评工具，应该是需要管理者有一定的专业度能够解读而又不过于复杂。

3．在解读报告之前，要先确认报告的有效性。

4．大五人格的性格测评报告可以将五大维度区分为自我管理导向、人际管理导向与任务管理导向三大导向。

5．性格测评结果可以与面试结果互相印证、增强判断的信心。

6．当性格测评结果与面试结果不一致时，是在提醒我们需要加强面试考察，挖掘可能存在的疑点。

第七章

识别候选人"致命点"

我说："是把 50%以上的工作时间花在选人用人上。"其实，即使我花了这么多时间在选人用人上，我选人的成功率也不超过 60%。

——杰克·韦尔奇

在选择候选人时，有些性格特质是企业在选拔人才时希望尽量避免的，或者是某些岗位明显不匹配的，这些特质被面试官们称为人才选择的"致命点"。

如果在面试之初，没有识别出候选人身上的"致命点"，那么后面所有的评估都失去了意义，会出现用人的重大失误。面试官首先需要具备快速识别"致命点"的能力和经验。

我们通过对数百家企业岗位需求的观察发现，企业用人常见的"致命点"主要有以下几类。

1. 不能承受必要的超时工作：精力无法满足增加的工作量。

2. 频繁跳槽：缺乏稳定性。

3. 耐不住寂寞：无法沉下心，急于求成。

4. 做事不靠谱：交代的事情总是让人不放心。

5. 单打独斗：不喜欢群体作战，跟人合作不畅。

6. 经受不住挫折：逆商低，遇到挫折轻言放弃。

7. 没激情：目标感弱，做事缺乏激情。

8. 优柔寡断：总是靠他人做出决策。

9. 不细致：毫不关注细节，总是酿成大错。

为帮助企业更快更精准地识别上述"致命点"，我们结合企业的实际案例和测评数据库，梳理出了每一项"致命点"最需关注的否决项性格特质和辅助判断项性格特质（见表7-1）。

表 7-1　企业需要关注的员工"致命点"及对应的性格特质

致命点	否决项	辅助判断项
不能承受必要的超时工作	活力性	坚韧性、主动性
频繁跳槽	平和度	适应性、抗压性
耐不住寂寞	自律性	坚韧性、可靠性
做事不靠谱	可靠性	自律性、条理性
单打独斗	合作性	谦虚性、利他性
经受不住挫折	抗压性	坚韧性、适应性
没激情	成就动机	活力性、主动性
优柔寡断	独立性	分析思维
不细致	关注细节	条理性

结合测评报告上显示的性格特质分值（见图 7-1），否决项性格特质是相对明确的低分（排在所有分值的倒数三项内），则意味着在该性格特质上存在明显风险；否决项性格特质处于中间状态，可再参考辅助判断项性格特质，最终结合面试做出慎重的决策。

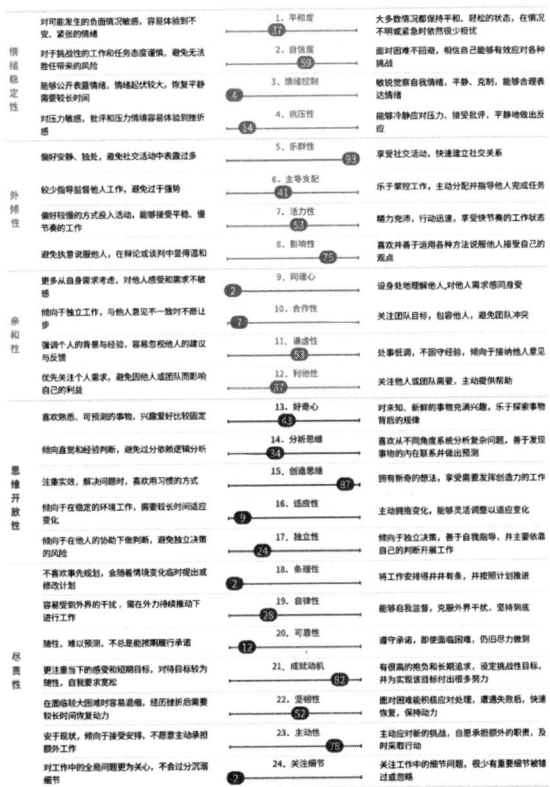

图 7-1　DR01（德锐人才性格测评）报告（部分）

工作强度大，他能胜任吗

中国社会科学出版社在 2018 年出版的《时间都去哪了？中国时间利用调查研究报告》显示我国劳动者超时工作（净工作时间大于 8 小时）相当普遍，超时工作率高达 42.2%。

面对需要超时工作的情况，企业和员工都有自己的无奈。市场环境、客户需求在持续变化，企业和员工都在面临竞争与淘汰。除此之外，有些岗位基于工作内容和性质，不可避免地要相对灵活的工作时间、超时工作、长期出差。在有限的人力和灵活的工作需求下，超时工作成了无可奈何的结果，候选人能否承担超时工作、胜任是后续持续留任的关键因素。

尽管高强度的加班不应该被鼓励与倡导，但企业在面试中考察候选人对高强度工作投入的适配度，已成为常见的环节。

应聘时，很多候选人会询问"这个岗位加班多吗？"或者"工作节奏如何？"，企业以此断定此人不能应对未来的加班。还有的时候，面试官直接询问候选人能否接受加班，对于态度犹豫的候选人，直接判断为无法接受加班。这种判断的方式，失之偏颇。光凭口头表决心是难以真正判断是否适应超时工作的。借助测评报告对能否适应超时工作做出初步判断，并在面试中加以验证，是更好的方式。

咨询行业需要较多的灵活工作时间，相比于其他工作，超时工作的情况更为普遍。我们以德锐咨询的咨询顾问为样本群体，对比了因无法适应而离开的员工与持续留任公司的同事的测评报告（见图 7-2）。其结果显示，两个群体在活力性、坚韧性和主动性三个维度有较大差异。

活力性代表了对快节奏高强度工作的适应程度，也就是我们通常说的精力水平，影响个人在持续高强度工作中的精神状态。活力性与能否承受长时间工作直接相关，因此它是"他能否适应超时工作"的否决项。如果一个人的活力性值在倒数三项内，则表明此人更偏好缓慢、平稳的节奏，不愿被人催促，持续的精力投入对他来说挑战很大。如果活力性值呈现高分倾向，则表明此人能够持续快节奏工作，比他人更不易感到疲惫，精力充沛，能够应对超时工作。咨询师、律师、

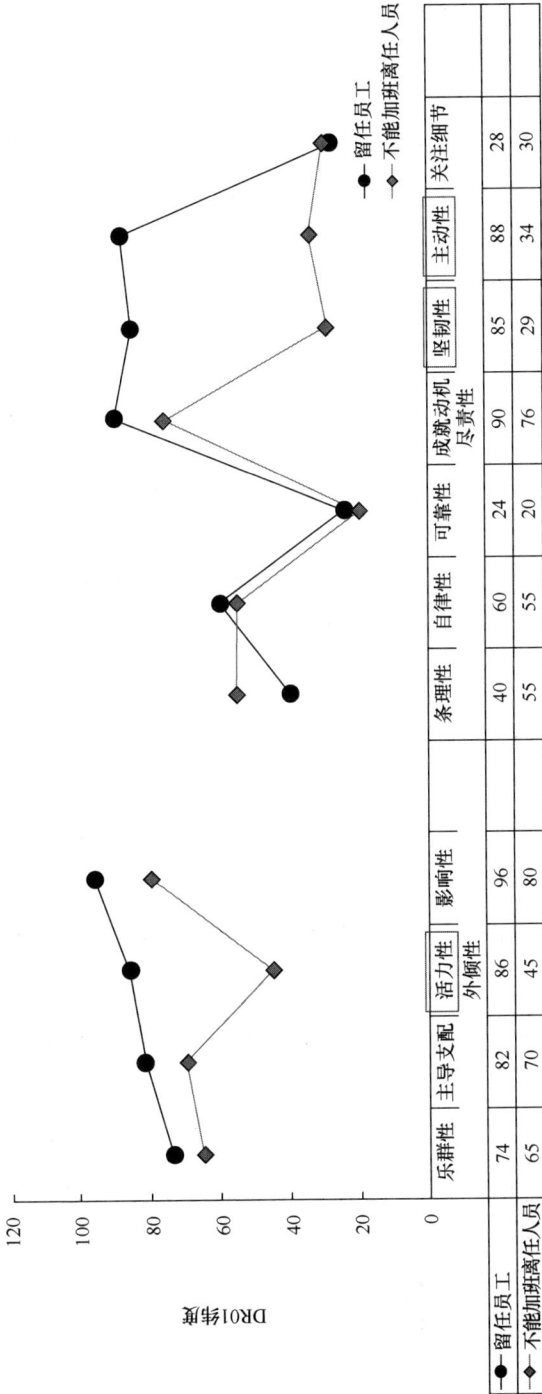

图 7-2 留任员工与不能加班离任人员对比分析图

	乐群性	主导支配 活力性 外倾性	影响性		条理性	自律性	可靠性	成就动机 尽责性	坚韧性	主动性	关注细节
留任员工	74	82	86	96	40	60	24	90	85	88	28
不能加班离任人员	65	70	45	80	55	55	20	76	29	34	30

DR01得分

程序员、医生等需要长时间高效运转、工作成果要求高的岗位，对活力性的要求较高。

上述对比表明，坚韧性和主动性也呈现了比较大的差异。首先来看坚韧性，《数理情感学》认为，意志的坚韧性是指人能够坚持不懈、百折不挠、勇往直前地完成工作任务的能力，它反映了意志的外在稳定性。意志的外在稳定性越高，意志对人的行为活动的控制约束力就越持久，人就会表现出顽强的毅力和持久的耐心。意志坚韧性过高的人容易成为工作狂、书呆子、影视迷；意志坚韧性过低的人容易贪图享受、意志薄弱。而很多没法适应加班的人，往往很容易在困难中放弃，表现出来的是意志坚韧性偏低。

接下来看主动性。每位管理者都希望自己的下属能够在工作上更加积极主动。最高水平的主动性，就是在没有上级指令的情况下，提前考虑问题并解决问题；次之，如果在有上级指令的情况下，能够非常主动地接受任务，并积极完成任务，能有这样的表现，也不错。所以，如果一个人的主动性特质得分高，则他往往更愿意自驱地通过必要的超时工作完成任务。

一个差强人意的招聘经理

应聘岗位：招聘经理

岗位背景：由于该份工作的加班比较多，经常有临时性的任务，所以需要着重考察候选人能否适应超时工作。

对应性格特质相对水平：发现活力值处于中间位置，坚韧性处于末位，主动性处于中间位置（见图7-3）。

面试官：请举例说明在你过往经历中，曾经连续工作时长最长的一段经历？（活力性）

候选人：我加入上一家创业公司，因为很多事情都是从零开始，对人才引进需求比较迫切，刚开始每天都需要工作到晚上10点多才下班。

面试官：其他人呢？

候选人：其他人也基本上需要这个时间。

面试官：这个状态持续了多久？

候选人：大半年吧。

		1. 乐群性 70	享受社交活动，快速建立社交关系
外倾性	偏好安静、独处，避免社交活动中表露过多		
	较少指导监督他人工作，避免过于强势	2. 主导支配 79	乐于掌控工作，主动分配并指导他人完成任务
	偏好较慢的方式投入活动，能够接受平稳、慢节奏的工作	3. 活力性 56	精力充沛，行动迅速，享受快节奏的工作状态
	避免执意说服他人，在辩论或谈判中显得温和	4. 影响性 35	喜欢并善于运用各种方法说服他人接受自己的观点

尽责性	不喜欢事先规划，会随着情境变化临时提出或修改计划	5. 条理性 63	将工作安排得井井有条，并按照计划推进
	容易受到外界的干扰，需在外力持续推动下进行工作	6. 自律性 51	能够自我监督，克服外界干扰，坚持到底
	随性，难以预测，不总是能按期履行承诺	7. 可靠性 60	遵守承诺，即使面临困难，仍旧尽力做到
	更注重当下的感受和短期目标，对待目标较为随性，自我要求宽松	8. 成就动机 59	有很高的抱负和长期追求，设定挑战性目标，并为实现该目标付出很多努力
	在面临较大困难时容易退缩，经历挫折后需要较长时间恢复动力	9. 坚韧性 25	面对困难能积极应对处理，遭遇失败后，快速恢复，保持动力
	安于现状，倾向于接受安排，不愿意主动承担额外工作	10. 主动性 55	主动应对新的挑战，自愿承担额外的职责，及时采取行动
	对工作中的全局问题更为关心，不会过分沉溺细节	11. 关注细节 36	关注工作中的细节问题，很少有重要细节被错过或忽略

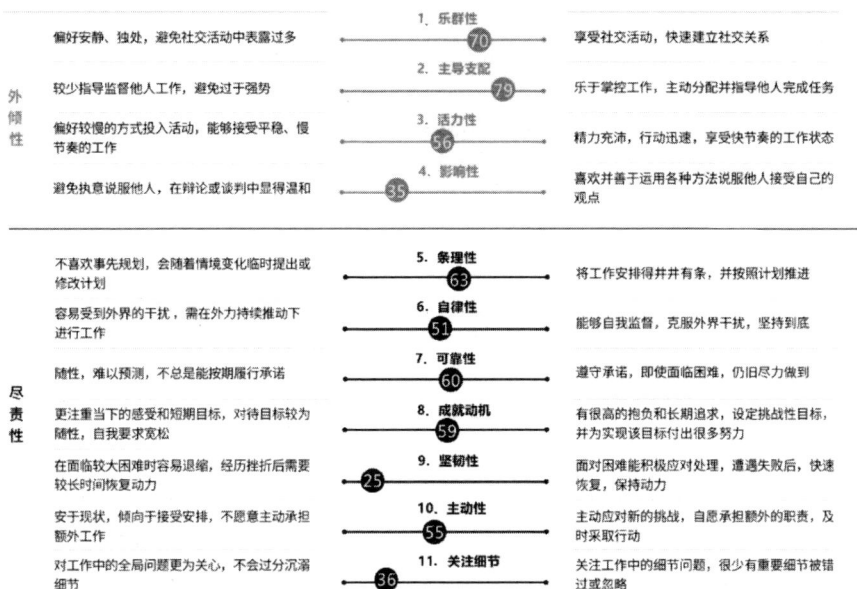

图 7-3　候选人测评报告（部分）

面试官：在这段时间，为了提升工作效率，你主动做过哪些事情？（主动性）

候选人：当时公司并没有给出在其他公众号上做招聘投入的计划，我主动找了几个，尝试了下，还有点效果。

面试官：找了哪几个？效果怎么样？

候选人：管培圈等，当时带来了 20 份简历吧。

面试官：后来这几个公众号是怎么用的？

候选人：感觉效果也没有多好，就没再用了，而且还要花钱。

面试官：为什么效果不好，做了哪些其他的尝试？（坚韧性）

候选人：就最开始有简历进来，但慢慢地就没反应了，听朋友说有些公众号的数据好多都是假的，我感觉自己被坑了，就没再继续用。从那以后，感觉这些探索的渠道也没啥价值，就不再去尝试了。

面试官：那后来的加班节奏是怎么样的？（活力性）

候选人：大半年过后，所有工作上轨道了，基本上加班就比较少了。我自己在工作时间内都能完成工作，也就没有再持续那样加班了。

面试官：好的，请再举例说明，你为了完成一份任务，额外投入时间较多的事例。

候选人：有时候周六日需要候选人来面试，我就得去公司组织下。

面试官：这样的频率是怎么样的？

候选人：一个月有两三次。

面试官：你对新的一份工作的节奏期待是怎么样的？

候选人：偶尔加班是可以的，但还是希望能在工作时间内把工作做好。

面试官：请介绍在你过往的经历中，遇到困难仍坚持做下来的事例？（坚韧性）

候选人：还是刚开始入职的时候，发现找到的候选人总是没办法满足部门负责人的期待，还是蛮受挫的。

面试官：当时有多少个这样的候选人？

候选人：一个月里找到了 10 个，我感觉都还不错的，最后都被否了。

面试官：后来你做了什么？

候选人：我就很有挫败感，分析了一下，感觉还是他们用人部门对招聘什么样的人不清楚。我就去找了我的上司，投诉了一下，就感觉说是不是让他们先理清楚要招什么人，不然就不给他们招了。

面试官：那你的上司是怎么说的呢？

候选人：我上司还是安慰了我，也帮助我跟用人部门协调了，双方共识了一下招聘标准，澄清了人才画像，之后我也找到了感觉，又继续帮他们找新的候选人。

面试官：后来的结果是怎样的？

候选人：后面结果就有改善了，有几个人还是被录用了的。

从上述的沟通中，可以判断该候选人在活力性、坚韧性和主动性这三项与测评报告的结论基本一致。主动性维度上可以评为中，在没人提出具体要求的情况下，可以主动探索增加渠道。但在实际效果不理想的情况下，没有再做其他尝试，遇到瓶颈也没有做深度分析，表现出坚韧性不足。活力性也是中等水平，虽然经历过创业公司的历练，但并没有表现出自主的较强的快节奏、高负荷工作的意愿，而且自己表达很难适应高强度的超时工作。坚韧性偏低，从公众号事例到初期候选人连续被否的挫折，都表现出对于困难局面的不适感。最终，面试官们一致判断，该候选人无法达到公司用人标准，未予录用。

⇨ 他会很快跳槽吗

除非是招聘临时工，任何一个岗位招聘的时候都希望候选人能够入职后稳定地在这个岗位上工作、成长与晋升。否则，对于人员的频繁流动，企业不仅要付出高昂的招聘、培养成本，还影响岗位的稳定产出。所以，面试官拿到候选人简历后，最先关注的往往是候选人的工作经历，如果跳槽过频就会让人产生此人稳定性不高的印象，进而影响接下来整体的判断。有些企业，会直接提出有连续跳槽经历的候选人不予录用的选人标准。

58 同城《2021 年返城就业调研报告》显示，75%的职场人有过跳槽经历，大部分职场人五年内的跳槽次数为 1～3 次。2020 年的数据表明，53%的"95 后"职场人有跳槽经历。可见跳槽是职场人不可避免的话题，也是用人单位必须面对和规避的潜在用人成本。

如何用测评结果来预测频繁跳槽的可能性，辅助面试判断？

我们观察了过往三年内跳槽超过三次和五年仅从事一份工作人员的性格差异，发现两个群体在平和度、适应性和抗压性等特质上表现出明显的区别。

平和度指的是情绪敏感程度，对此特质的一些需要应对不确定或模糊情况的岗位要求比较高，如公关、客服等。在该项上得分较高的人，较少体验到焦虑紧张；反之则易不安，难平静，更容易对他人情绪在意。可见，平和度低的人更容易对工作、人际互动的不顺利感到不安与敌对，也更容易因工作进展不顺而离职。许多研究表明，与更幸福的人比较会降低自己的主观幸福感。现实生活中，人们不免将现在的生活状态与其他同学、员工或同行业、同职位的人做比较，对于那些平和度较低的人来说，更容易体验到因比较产生的职业幸福感的缺失，也更容易因情绪的冲动而选择换个工作环境。

适应性不是简单的同化过程，它是通过与环境融合，从而使个人在团队内不断产生价值的一种能力。其基本规律是，个体要想在大环境下长远发展，就要适应大环境。映射到职业发展，适应性低的人，出现不顺时更容易抱怨外部环境，难以及时调整自己融入团队，从而出现跳槽现象；适应性强的人，他们更倾向于遇事先找内因，更加主动接纳环境，快速调整自己适应工作要求，稳定性相对更高。

抗压性反映的是一个人的心理承受能力，是高压、高竞争环境下的情绪反应，包括对逆境的适应能力、容忍力、耐力和战胜力。抗压性低的人在面对困难和挑战时容易感到焦虑，担惊受怕，时间长了就总是处于精神疲倦状态；或者对现状总是抱怨、丧气，认为自己无法完成工作时更有可能放弃努力，"另谋高就"。

因此，面对跳槽频繁的求职者，面试官不应该是听候选人的各种理由，而是考察候选人在平和度、适应性和抗压力等维度的表现。

> **四年换三份工作的销售人员**

应聘岗位： 销售经理

候选人情况： 该候选人有四年工作经历，但换过了三份工作，需要考察他的稳定性。

对应性格特质相对水平： 平和度中，适应性高，抗压性中（见图7-4）。

面试官： 请举一个过往经历过的你感觉压力最大的事例？（抗压性/平和度）

候选人： 在我第一份工作中，每天需要考核指标，如果完不成，就会走人。

面试官： 当时你完成的情况怎么样？

候选人： 中等水平吧，有时候也能冲到前面。

面试官： 当时的工作状态是怎么样的？

候选人： 一直提心吊胆的状态，很焦虑。后来只干了八个月，一方面是跟这个考核有关系，感觉每天都在紧张的状态里，没办法很好地投入在工作上；另一方面是觉得这份工作和自己的职业规划有些错位。

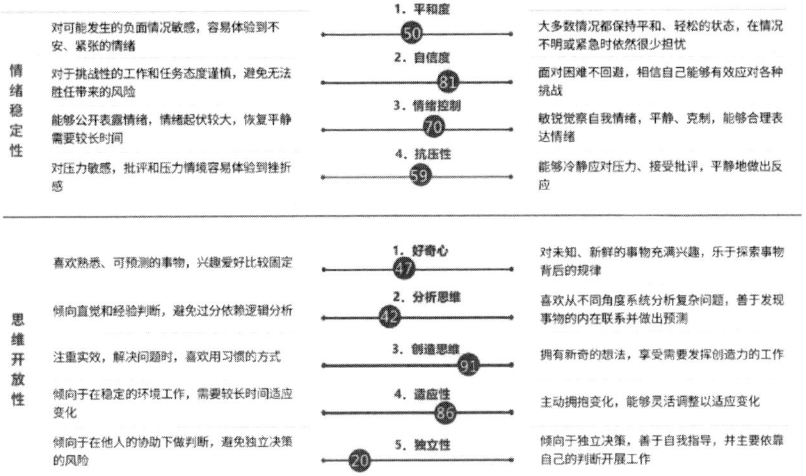

图 7-4　候选人测评报告（部分）

面试官：那你的职业规划是怎样的？

候选人：我希望在一家专业知识型的公司持续成长，不仅提升销售能力，也能提升专业能力。

面试官：那你后来的两份工作离职的主要原因是什么？（适应性）

候选人：上一份是我从上海搬家到南京，所以不得不离职了，上上一份是组织架构变动，我所在的事业部所有人被遣散了。

面试官：你的几份工作，公司和业务之间的差异还挺大的，你是怎么快速适应的？

候选人：虽然工作的时间不长，但每一份工作我都会提前熟悉这家公司和业务，我本人也不太喜欢按部就班，对于变化也比较能够快速适应。

面试官：请跟我们分享一个你快速适应获得成果的事例吧。

候选人：上一份工作，公司的产品是人力资源管理软件，我之前没接触过，但我很快熟悉了产品，有个客户跟了五个月，成了第一单。

面试官：在这五个月的时间里，当时最大的困难是什么，你是怎么解决的？

候选人：当时的主要困难是我不太熟悉产品，对方有些顾虑，不太愿意深入交流，再加上公司品牌效应并没有太强，所以沟通起来对方不冷不热的。

一方面，我请教内部同事，快速熟悉产品，并且找了一位专业性比较强的同事做我的技术支持。另一方面，我加了对方公司人力负责人的微信，开始约见面时间，但对方并没有理睬，然后我就开始关注他们公司的官网和公众号，并对她的朋友圈状态第一时间点赞，一个月后终于松口答应见面了。

面试官：见面后取得的进展是怎么样的？

候选人：对方只是听了下我的介绍，但还没有立即做出决策。我又结合他们公司的实际情况，给他们做了定制化的方案。因为从她朋友圈知道她的小孩子很小，所以在第一次见面的时候，跟对方聊小朋友教育的话题，聊得很融洽。结束的时候，对方说会上报我们的方案。

面试官：后来呢？

候选人：后来，我还是坚持点赞，但我会时常给她发和他们同类型客户在人力资源方面的进展消息，并给她一些建议，并且我会把从其他平台上获取的关键学习资料也发给她，她最后应该是被我的真诚打动了，后面真的上报了，并且给了我第二次见面的时间。

面试官：最后的结果怎么样？

候选人：他们内部的采购流程比较长，等了接近两个月的时间，最终确定了下来选择我们。不过这两个月里，我还通过这个人力负责人认识了他们采购部的人，所以我也一直在关注他这边的信息，确保不会出现什么问题。

面试官：如果再来一次，你觉得可以从哪些环节缩短这个周期？

候选人：我可能需要一开始就找我的上级帮我出谋划策，因为在后来的接触中才发现这个人力负责人之前待过的公司和我的上级是同一家，虽然他们不熟悉，但肯定能发挥作用。

从候选人在第一份工作中的表现来看，其面对工作压力时的情绪状态，平和度不高，整体抗压性也一般。从在后来一份工作中拿下第一个订单的过程来看，候选人能够快速适应新的工作，找到最佳的方法，并且过程中体现出了较高的人际敏锐度。整体判断，虽然候选人可能因为压力较大而出现情绪问题，但能够快速适应新的工作环境，从其性格来判断，其频繁跳槽的风险并不高。最终，面试官一致认为可以通过初试。

⇨ 他能耐得住"寂寞"吗

当问到一家企业的管理者，他们的研发人员具备什么特点时，他们的第一反应是，"能坐得住冷板凳"！接着，他们做了进一步的说明，"我们的产品研发周期都很长，而且很有可能很长时间都没有成果，不确定性很大，有些研发人员就坐不住。我们首先需要的是能够坐得住的人"。

这种情况，恐怕并非个案。很多研发型企业的新产品诞生，都需要一个很长的周期，在这期间，企业没有收入，研发人员没有成就感，他们能够体验的只是一次一次的失败。新生代年轻人越来越坐不住冷板凳，企业对于能够耐得住寂寞的候选人的需求，也就与日俱增。

除研发外，很多基层工作也需要耐得住"寂寞"。对于成熟企业，很多岗位就像螺丝钉，需要处理很多重复、烦琐的事情。校招生入职后，大多从事基层工作，工作一段时间后，新鲜感过去，一部分人会因"耐不住寂寞"而选择离职。

所以，很多企业在招聘需求中提出了"耐得住寂寞"这一直白的需求（见表 7-2），直言此岗位短期内甚至很长时间都很难有大突破，需要候选人能够踏踏实实做好每一件小事。

表 7-2 需要"耐得住寂寞"的岗位

岗 位 名 称
科研人员
基层公务人员
传统企业基层员工
保安
门卫
……

我们对比了研发群体中那些持续坐冷板凳与因耐不住寂寞而换岗或离职人员的性格特质。那些坐得住冷板凳的员工，在研发岗位上勤勤恳恳坚持了多年，成为研发团队的骨干。而耐不住寂寞的员工，虽然也在其他岗位上做着贡献，却没能够将自己的专业知识贡献在研发工作上，有的从研发岗转到质检岗

位，有的申请做销售，还有的主动离职了。两个群体最大的差异点在于坚韧性，其次是可靠性和自律性。

在当今"高压力"已经成为普遍现象的社会情境下，坚韧性是企业希望所有岗位员工具备的。坚韧性就是在艰苦或不利的情况下，能克服外部和自身的困难，坚持完成所从事的任务。具有强坚韧性的人能够在受到挫折的情况下快速恢复，使自己仍能继续工作，行动不受外界压力、挫折和个人消极情绪的干扰。

华为对研发人员素质模型的描述中就有坚韧性这一维度，其中具体的行为描述是：

0 分——经受不了批评、挫折和压力；

1 分——面对挫折时可知自己的消极情绪（如愤怒、焦急、失望等）或保持情绪的稳定；

2 分——在比较艰苦的情况下或巨大的压力下坚持工作；

3 分——有效地控制自己的压力，通过建设性的工作解除压力。

在日常工作中，每个员工的坚韧性都可以通过上述标准进行判断。通过测评报告中的坚韧性分值，能有效预测候选人对一定周期内看不到成果的工作能否坚守。

可靠性是指无论外界环境如何，坚定地追求在一定时间内完成规定工作的倾向。可靠的人在面对任何事情上，会倾向于按时交付成果，这一特质能使其在枯燥的工作过程中保持着对于最终结果的追求。

可靠与结果相关，而自律与过程相关。美国著名的心理学家斯科特·派克博士说："所谓自律，就是主动要求自己以积极的心态去承受痛苦，解决问题。"自律反映了自我控制能力和自我约束能力，一般来说，自律强的人，更容易避免人为差错的产生，他们不仅是以道德、法律来约束自己的，更多是在心灵层面上的自我管理。一个自律的人，往往就是一个成熟的人。

在上述报告中，我们发现一个有趣的现象，需要提醒大家注意的是：一个能耐得住寂寞的人的成就动机并不是占绝对优势的。成就动机强的人，内心总是对于目标成果有极强的追求，而需要耐得住寂寞的岗位，恰恰无法短期内有明确的产出。

> ## 坐得住冷板凳的研发助理

应聘岗位：研发助理

候选人情况：该候选人研究生刚毕业，之前有实习经历。但该岗位比较辛苦，产品研发周期长，需要着重考察他能不能耐得住"寂寞"。

对应性格特质相对水平：坚韧性中、可靠性中、自律性高（见图7-5）。

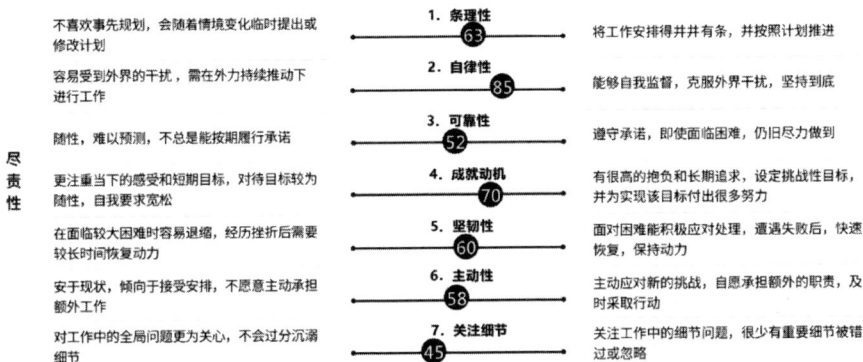

尽责性			
不喜欢事先规划，会随着情境变化临时提出或修改计划	1. 条理性 63	将工作安排得井井有条，并按照计划推进
容易受到外界的干扰，需在外力持续推动下进行工作	2. 自律性 85	能够自我监督，克服外界干扰，坚持到底
随性，难以预测，不总是能按期履行承诺	3. 可靠性 52	遵守承诺，即使面临困难，仍旧尽力做到
更注重当下的感受和短期目标，对待目标较为随性，自我要求宽松	4. 成就动机 70	有很高的抱负和长期追求，设定挑战性目标，并为实现该目标付出很多努力
在面临较大困难时容易退缩，经历挫折后需要较长时间恢复动力	5. 坚韧性 60	面对困难能积极应对处理，遭遇失败后，快速恢复，保持动力
安于现状，倾向于接受安排，不愿意主动承担额外工作	6. 主动性 58	主动应对新的挑战，自愿承担额外的职责，及时采取行动
对工作中的全局问题更为关心，不会过分沉溺细节	7. 关注细节 45	关注工作中的细节问题，很少有重要细节被错过或忽略

图7-5 候选人的测评报告（部分）

面试官：请举一个你过往经历的枯燥但坚持时间最长的事例？（自律性）

候选人：是在我决定考研之后，那大半年的时间，我基本上没有回过家，而且去教室备考也没有带过手机。

面试官：过程中，你和其他学生的交流是怎么样的？

候选人：当时，大家也有聚餐，我很少参加，平时吃饭也就是和几个一起考研的同学一起，尽量不接触其他同学，防止被他们丰富多彩的生活诱惑。

面试官：你们宿舍几个同学考研？大家的状态怎么样？

候选人：我们宿舍六个人，四个准备考研，但坚持下来的只有我和另一个同学，最终只有我考上第一志愿。

面试官：你考研成功的主要原因是什么？

候选人：我觉得就是坚持吧，我每天晚上从自习教室出来，都会去操场跑个 10 圈，我内心告诉自己一定要坚持，我觉得就是这份信念让我走到了现在。我另外几个同学，可能一开始也没那么坚决，要么没坚持到最后，要么就是坚持了但过程中总是会有摇摆，会被其他的一些事情诱惑。

面试官：除了这个经历，对你而言相对比较艰苦的经历是什么时候？（坚韧性）

候选人：很艰苦也谈不上，确实有些时候感觉比较累。我们家经济条件不太好，学费都是靠自己挣的，在读研期间，只要有空闲时间，我就去做兼职。因为兼职是要有严格工作时间的，遇上准备考试和课程作业，就会比较辛苦。

面试官：做过最辛苦的一份兼职工作是什么？

候选人：比较辛苦的算是去火锅店打工。不仅油烟味重，每天回去都要从里到外洗一遍，而且晚上客人离开的时间比较晚，所以我们就得待到客人走的时候才能走。

面试官：那份工作干了多长时间？

候选人：大概两个月时间，因为确实比较辛苦，那段时间感觉休息不够，过程中一直犹豫要不要干了，后来正好要准备期末考试，就没继续了。

面试官：在做兼职工作的时候，你是怎么平衡工作和学业的压力的？（可靠性）

候选人：有的时候确实太累了，回去之后也没心思做作业了，有时候就会跟老师说一下，作业是会延迟交的，偶尔也会跟同学一起，请同学多承担点，但我大多数会利用等待客人的时间来思考作业的布局，抽空了再自己写。

面试官：遇到延迟的情况，你怎么处理的？

候选人：老师要求的时间也没那么严格，大多数时候大家也都不能按时交。我一般就白天想想框架，晚上赶一下进度，有些延迟但整体还好。

　　基于上面的面试信息，面试官对于该候选人在"耐得住寂寞"上的整体判断较为正面。首先，他体现出来了较高的自律性，考研期间能够持续坚持，合理安排自己的时间，面试官认为这方面可以评价为高。其次，在遇到较大的困难时，整体还是能够克服困难，迎难而上，但偶尔也有退缩的时候，这方面的评价为中高。最后，在可靠性方面，虽然考虑了做兼职工作的客观性因素，但候选人本人也并没有对于交付结果持有非常严肃的态度，所以这方面面试官评价为中。最终，面试官统一意见是，可以进入下一轮面试。

⇨ 他做事靠谱吗

- 喜欢做"大事"，对小事不屑一顾；
- 交代的事情，要再三过问才放心；
- 说话不算话，交付的时间总是不准时；
- 交付的文件总是一错再错，改来改去；

......

这些现象是不是似曾相识？我们身边总有些员工会有这里面的一个或多个方面的表现。这就是我们常说的"不靠谱"。在如今的职场环境中，"靠谱"已经成为职场里难能可贵的素质，巴菲特说过："靠谱是比聪明更重要的品质。"

或许不同的人对靠谱有不同的理解，但背后都有一样的诉求：放心、踏实。我们发现那些靠谱的超级明星和让人不放心的员工在可靠性、条理性、自律性上差异明显，尤其是可靠性这一维度，是预测靠谱这一维度的否决项。

前文中已经提到，可靠性代表对待任务的认真态度及对达成结果的追求，几乎所有岗位都对可靠性有要求。可靠性高的人不拖延，按时保质保量交付成果；可靠性低的人会忽视自我责任，不能按期履约。

在影响可靠性的众多因子中，拖延显得格外突出，而和拖延有完全正相关的素质就是自律。越靠谱的人，往往越自律，不论遇到多难的事，都很少拖延。上文提到，自律就是主动要求自己以积极的态度去承受痛苦，解决问题。需要他律的人，更可能出现拖延的情况，只有外部刺激如面临惩罚或表扬时，方可提高任务完成的及时性。

当然，我们也能发现，很多人即使日复一日地忙碌着，但却避免不了犯下各种错误，总是因出错而错过截止日期或在最后期限前给出差强人意的结果。久而久之，在领导和同事眼中形成了工作不认真、粗心大意、不可靠的负面印象，这很有可能源于"条理性"偏弱。

我们将条理性定义为对任务安排的计划性、逻辑性，以及对物品摆放的规律性。条理性高的人，做事更有计划，物品摆放更有条理，行为上更稳定、有规则感。条理性高的人可能做事更高效，但高效的人不一定更有条理，因为其可能因为更灵活而高效，不一定按照计划和规范做事。

> ### 做事总不到位的办公室主任
>
> **应聘岗位**：办公室主任，负责很多具体事务的执行，要求做事靠谱。
>
> **候选人情况**：该候选人 40 岁，之前在国企，后来因国企改制，离职谋求新的发展。
>
> **对应性格特质相对水平**：可靠性低，自律性中低，条理性中（见图 7-6）。

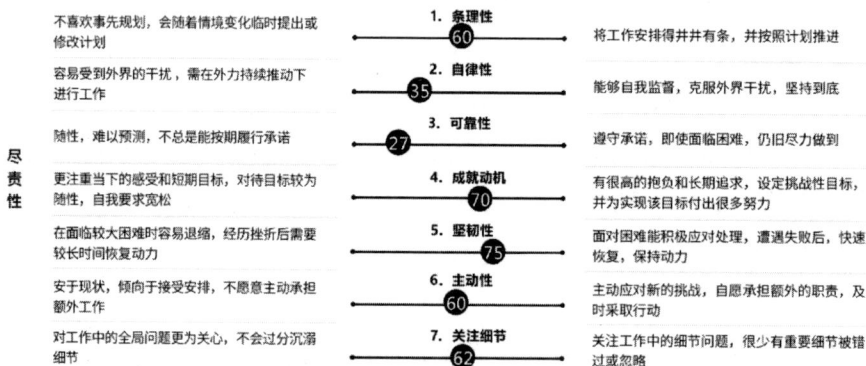

	不喜欢事先规划，会随着情境变化临时提出或修改计划	**1. 条理性** 60	将工作安排得井井有条，并按照计划推进	
	容易受到外界的干扰，需在外力持续推动下进行工作	**2. 自律性** 35	能够自我监督，克服外界干扰，坚持到底	
尽责性	随性，难以预测，不总是能按期履行承诺	**3. 可靠性** 27	遵守承诺，即使面临困难，仍旧尽力做到	
	更注重当下的感受和短期目标，对待目标较为随性，自我要求宽松	**4. 成就动机** 70	有很高的抱负和长期追求，设定挑战性目标，并为实现该目标付出很多努力	
	在面临较大困难时容易退缩，经历挫折后需要较长时间恢复动力	**5. 坚韧性** 75	面对困难能积极应对处理，遭遇失败后，快速恢复，保持动力	
	安于现状，倾向于接受安排，不愿意主动承担额外工作	**6. 主动性** 60	主动应对新的挑战，自愿承担额外的职责，及时采取行动	
	对工作中的全局问题更为关心，不会过分沉溺细节	**7. 关注细节** 62	关注工作中的细节问题，很少有重要细节被错过或忽略	

图 7-6 候选人测评报告（部分）

面试官：请说下过往工作中，如果重来一遍，你可以做得更好的任务事例？（可靠性）

候选人：我之前的工作是兼顾人事和行政，在一次接待上级单位领导时，把领导的名字写错了，现场有点尴尬，虽然那个领导没有太在意，但事后我被领导批评了。

面试官：为什么会出现这个问题呢？

候选人：是我们一个刚来的实习生打印的名单，信息是另一个同事审核的，没有和我确认，我也疏忽了。我如果看一下的话，应该不会出现这个问题。

面试官：之后你做了什么来补救或避免类似的问题呢？

候选人：我带着团队一起梳理了类似信息的审核校对流程，跟大家约定以后只要有人再出现类似的问题，就请办公室里的几个人喝咖啡或奶茶。

面试官：好的，在你过往经历中，遇到相对复杂，你快速处理的事情的例子？（条理性）

候选人：其实我们的工作每天都和打仗一样，每天都能接到很多临时的安排，我基本上都是先理出当天的计划，然后分配到人，最终跟进下结果。

面试官：方便举个具体的例子吗？

候选人：要说具体例子的话，就是前几个月公司新进来一批管培生，需要在一个月内就完成集训，向各子公司输送，以前的周期都在三个月，这次一个月会让我们有点措手不及。

面试官：你是怎么解决的呢？

候选人：我先让我部门的人对管培生的专业进行了分类，然后再找人联系了可以集中提供培训的老师，但发现老师根本不够，我就和上级领导商量，抽调了业务部门的负责人。

面试官：当时最大的难点是什么？

候选人：最难的是协调业务负责人的时间，因为大家都很忙，对专门抽出时间来做这个事情有抵触，而且大家担心准备不充分，心里没底。我就跟大家开玩笑说，我会全程陪同他们上课。

面试官：后来做到了吗？

候选人：前面几天吧，后面我忙起来也顾不上了，就跟大家打了个招呼，后面就没再参加。

面试官：这个培训多长时间完成的？

候选人：将近两个月，比预期晚了大半个月，确实整个过程协调起来比较复杂。

面试官：上级领导对于这个过程的评价是什么？

候选人：上级领导也表达了理解，但是还是帮我分析了过程，认为这个时间是可以通过更合理的安排压缩出来的。

> **面试官：** 后续这些管培生到各部门的适应情况如何？
>
> **候选人：** 具体的就是我的同事在跟，我没再问了。

从上述信息可以看出，第一个事例中，领导名字出错，虽然不是候选人直接的责任，但他显然负有检查审核的责任，这一点并没有做到位。后一个事例中，面对突发情况，虽然有了安排，但没能够按时交付成果，拖延了大半个月。结果导向并不够强，整个过程中体现的可靠性一般，而承诺同事的事项没有做到，自律性也并不高。只有条理性，算是有一定的意识。最终，该候选人被面试官判断为不够靠谱，没能通过面试。

➯ 他喜欢单打独斗吗

无论是需要技术的研发型工作，还是突破市场的销售型工作，一个人的单打独斗都很难有大的突破，企业内需要协作的工作越来越多。

候选人总喜欢在自己的简历中号称拥有"团队精神"，但从招聘实践来看，能否真正做到要打个大大的问号。中国民企引进空降高管失败率超过 85%，有人归因于企业内部的问题，也有人认为问题出在高管自身。大多数时候，双方都会存在问题，但如果真是像简历中所写的那样，拥有团队精神的候选人那么多，这个数字应该就不会那么高了。

企业需要的有团队精神的人，能站在不同的角度思考问题，以谦逊的态度，考虑他人感受，顾及甚至优先考虑他人利益。我们发现，相比于其他人，倾向单打独斗的群体在合作性、谦虚性和利他性上明显偏低。

关键的否决项特质是合作性。衡量一个团队是否成功最先关注的是能否协力完成目标，社会分工越细，个人的合作力就越重要。个人合作力的强弱，决定了在社会分工中的价值。越是善于协同、善于合作完成任务的人，获得的资源、机会就越多，团队的交易成本就越低，成功的可能性就越大。

一个能与他人协作好的人，往往是先集体后个人，以集体利益为重。这类人被我们称为"先公后私"者，他们自动自发地表现出两大行为特征：

- 利他。使别人获得方便与利益，尊重他人利益。

- 心怀远大目标。心中有超越自我，为他人、为集体谋利益的远大志向。

进化心理学的研究表明，利他者更容易结交他人，利他者也更容易获得来自他人的帮助。黄卫伟教授在介绍华为企业文化的《以奋斗者为本》一书中对利己利有这样经典的描述——"在价值创造的问题上，存在一个悖论：越从利己的动机出发，越达不到利己的目的；相反，越从利他的动机出发，反而越使自己活得更好。"

那些乐于协作的人，往往也有谦逊的态度。他们关注他人建议，主动寻求反馈。谦虚的人更善于接受他人的观点，赢得他人的支持。

一个转型成功的人力资源负责人

应聘岗位：人力资源咨询项目经理

候选人情况：该候选人在集团型公司担任过五年的人力资源负责人，现在从甲方转型到乙方，在专业能力得到认可后，进入到了复试的环节，需要重点关注他与团队的融合。

对应性格特质的相对水平：合作性中高、谦虚性中、利他性中（见图 7-7）。

亲和性	更多从自身需求考虑，对他人感受和需求不敏感	1. 同理性 53	设身处地理解他人，对他人需求感同身受
	倾向于独立工作，与他人意见不一致时不愿让步	2. 合作性 70	关注团队目标，包容他人，避免团队冲突
	强调个人的背景与经验，容易忽视他人的建议与反馈	3. 谦虚性 67	处事低调，不固守经验，倾向于接纳他人意见
	优先关注个人需求，避免因他人或团队而影响自己的利益	4. 利他性 64	关注他人或团队需要，主动提供帮助

图 7-7　候选人测评报告（部分）

面试官：请举一个过往和其他部门沟通出现矛盾你成功化解的事例？

候选人：咱们都是做人力资源的，都很清楚人力部门和业务部门的矛盾还是蛮多的，我刚来上一家单位的时候，安排培训落地事宜时，发现业务部门都回复没有时间，觉得培训是为了培训而培训，并没有真正贴近他们的业务。

面试官：他们具体是怎么回复的？

候选人：一是培训时间不匹配，二是培训内容没有贴近他们的业务。

面试官：后来你做了什么？

候选人：我因为刚来，不清楚具体的需求，所以一开始还稍微强推了下，但效果不好。还跟一位业务负责人冲突了一次。后来，我主动找了两个业务负责人，沟通了下他们的诉求，觉得他们的诉求还是合理的，我们应该主动来解决这个问题。后来我带着同事对课程进行了优化，有些销售课程都是直接请内部的销冠来主讲，并且每门课开设的时候，都协调了市场部的人来录像，剪辑成后续可线上观看的视频，这也能满足出差在外的同事的需求。

面试官：大家的学习效果如何？

候选人：一开始大家还是有点抵触，但我们每次在大家来参加培训的时候，都会主动在培训群里拍照表扬讲课的人和参加培训的同学，而且我还让部门负责培训的同事统计了线上学习的时长，公开表扬，这件事慢慢就被大家接受了。

面试官：后来和有冲突的业务负责人关系怎么样了？

候选人：我能理解他们为什么那样抵触，之前的培训确实让他们觉得没有价值。所以我每个月会定期告诉他们部门的学习情况，并且主动询问他们对培训的建议，他们后来对我的评价是，"你还是挺接地气的"。平时大家在食堂吃饭，我跟他们也能经常坐在一起。遇到这样的事情，刚到一个公司的时候是正常的，关键看能不能放低姿态，多请教总不会错。

面试官：请举例说明，加入一个新的团队，你是如何快速适应的？

候选人：其实我虽然一直在甲方，但我前面两家单位是完全不一样的行业，虽然都是做人力资源工作，但是全新的体验。我先是在国企工程建设单位工作，之后加入上一家企业，一家人工智能创业企业。我最大的感受是，从一个非常规范化的公司，到了一家非常开放、不确定性很强的企业，感觉周围全是年轻人了，他们打破了我的很多固有思维。

面试官：可以举个具体的例子说明你是如何融入的吗？

候选人：其实，就是放低姿态，主动打破自己的成见，像他们一样，敞开自己。例如，有一次，我们内部在研讨一个招聘的方案，我们都快定稿了，有个95年的小伙子提出了不同的建议，直接否掉了我们之前的可能性。

> **面试官：是什么样的方案？**
>
> 候选人：是一个校招的方案，我们原来按照传统的模式设计的整个流程，他觉得我们的想法有点保守了，建议采用现在年轻人更加关注的方式，加入很多流行文化的元素。
>
> **面试官：那你是怎么处理的？**
>
> 候选人：我一开始有点抵触，感觉有点不正式，后来征求大家的意见，大多数人觉得可以尝试一下，我接受了大家的意见，并花费了很多时间让大家讨论具体的细节，我也去补习了很多年轻人关注的热点话题。
>
> **面试官：最后的结果怎么样？**
>
> 候选人：那次确实效果还是不错的，大家都觉得有创新，很多学生也都说对我们的校招过程印象深刻。从那之后，我就更加乐于跟团队里的同事多交流了，感觉自己也学习到很多。

整个面试过程结束后，面试官们整体判断，该候选人表现出的合作性较高，谦虚性也属于中高水平，能够接受他人建议，但利他性表现算是中等水平。面试官最终同意给候选人加入公司的机会，结果也验证了面试官的判断，经过三个月的磨合，该候选人很快从项目经理晋升到了高级项目经理。

⇨ 他能经受住挫折吗

"内卷""996""躺平"等流行语的诞生，向我们展示的是当前的职场环境在恶化，或者说，职场人感受到的压力越来越大——一种可能性是环境的压力在变大；还有一种可能性是，职场人对于压力的承受力或承受意愿在减弱。经受挫折的能力减弱带来的后果，一方面是其在当前岗位上的匹配度降低，产出降低；另一个方面是离职可能性升高，也就是前面我们提到的跳槽的可能性增加。无论是哪一种，都意味着企业成本的增加。

这成为一个企业必须面对的问题，无法降低遇到挫折的概率，就需要选拔那些更加耐挫的候选人。企业无法培养出员工强大的内心，但可以选择拥有强大内心的员工。

不仅是高危职业要求员工能够经受挫折，所有岗位都需要员工有对挫折的忍受度。我们对比了抗压耐挫的员工和这方面表现较弱的员工，发现他们在抗压性、坚韧性和适应性三个性格特质上存在明显差异。

从数据中，我们清楚地看到，能不能经受住挫折，首先与其抗压性性格特质相关。当遇到压力的时候，情绪上不容易受影响的人，更能够经受住挫折。前文中我们提到，抗压性反映的是一个人的心理承受能力，是高压、高竞争环境下的情绪反应，包括对逆境的适应能力、容忍力、耐力和战胜力。抗压性低，就意味着遇到挫折时的负面情绪反应更强烈，对其个人工作产出的影响也更大。

前文提到，坚韧性是指人能够坚持不懈、百折不挠、勇往直前地完成工作任务的能力。遇到挫折的时候，不论情绪上是否受影响，都以积极的行动应对，并能够在艰难的条件下坚持——这是以更积极的态度应对挫折。2022 年冬奥会中摘得 2 金 1 银的谷爱凌，除了拥有超强的技术能力，更难得的是在第一跳和第二跳失误时，第三跳发挥出高水平的韧性。

前文中提到，适应性是通过与环境融合，使个人在团队内不断产生价值的一种能力。环境的快速变化与不确定性是我们外部的压力来源之一，能不能在快速变化或不确定的环境中保持淡定，甚至积极地迎接变化、适应变化，这也是耐挫的表现之一。

一个不太能够应对挫折的工程师

应聘岗位：研发工程师

候选人情况：候选人之前一直做技术，在电话中话比较少。

对应性格特质的相对水平：抗压性中，坚韧性低，适应性低（见图7-8）。

面试官：请分享一个过往经历中，你快要放弃但仍坚持下来的事例？

候选人：就是上一份工作吧，做我们这个工作的，基本上都加班，有时候加班到夜里都很正常。

面试官：使得你很想放弃的原因是什么呢？

候选人：就是连续加班，刚干了三个月就想放弃，但后来咬咬牙就坚持下来了。

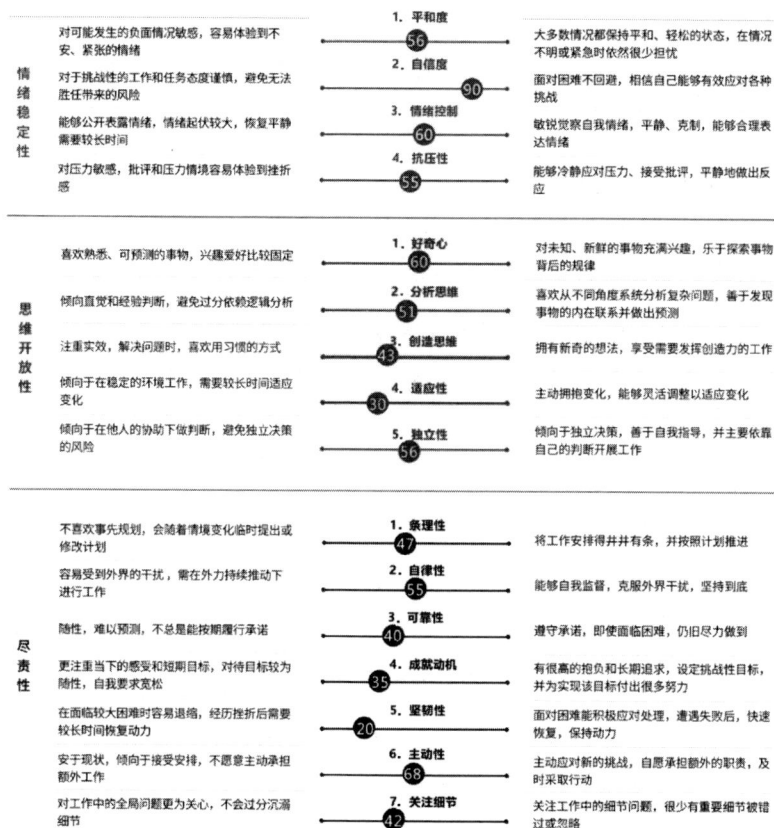

图 7-8　候选人的测评报告（部分）

面试官：一般加班到几点呢？

候选人：有一段时间八点之前没回过家，有几天都到了晚上十一点。

面试官：在最忙的那段时间，你应对过的最大的挑战是什么？

候选人：有个研发任务本来需要三个月，然后为响应市场需求，市场部门就要求在一个月里完成，这个挑战比较大。

面试官：你在这个任务中扮演的角色是？

候选人：我算是一个小组的组长。

面试官：最有挑战的点是什么呢？

候选人：就是时间太紧了，我们在那之前从来没一个月做完过。我就跟市场沟通，请他们跟客户去沟通一下，最后沟通下来的是时间延长到两个月。就是这个过程中，跟市场部门来回争执，对我来说挑战比较大。

面试官：最后你是怎么说服市场部门的？

候选人：他们就是一直强调市场的需求、客户的需求，也没有考虑研发的实际情况，我最后没办法，就说反正我们做不完，不行让客户找别人吧。他们也是没办法了，又跟客户协调，客户也同意了。

面试官：为什么这个客户会这么着急呢？

候选人：哦……这个我倒是没太了解，都是我们市场同事在对接具体需求，我们不太会跟客户直接打交道。

面试官：最后的结果怎么样？

候选人：最后用了两个月，算是勉强完成了吧，能上线就很不错，时间确实太紧了，这样的安排不太合理。

面试官：你对未来职业的规划或期待是什么？

候选人：我是做技术的，其实就是希望能够安安稳稳地把技术做好，研发出东西来，避免面临太多的不确定的东西吧。

从其分享的事例中，可以看到候选人可以承受一定的工作压力，特别是工作强度大的时候，能够调整自己适应加班的节奏。但对于有挑战性的工作，积极应对和主动解决的动力不足，而且对于临时性的变化没有太强的适应性，受到形势变化的负面影响较大。最终，面试官的判断是，其经受挫折的能力偏低，不太适合目标岗位，结果是不予通过。

⇨ 他做事有激情吗

"躺平"是否真成为年轻人的一种选择值得考证，但它成为一种现象级的话题是毋庸置疑的。所谓"躺平"，多指不奋斗不挣扎，接受现实的一种状态。另一个表达类似意思的流行语是，"佛系"。不论是形容一个人"躺平"还是"佛系"，其实都说明这个人缺乏激情，缺乏事业的激情、工作的激情。对于企业来说，识别出那些真正有激情的人，至关重要。

将那些充满激情的员工与没有激情、选择"躺平"的员工相比较，性格特质上有哪些差异呢？我们发现两个群体差异性最大的三项特质，分别是成就动机、活力性和主动性。

成就动机的强度不同，其行为表现也会不同。成就动机反映的是个体对于目标的重视性及实现目标过程中的执着程度。成就动机得分更高的人，比得分更低的人表现出更多的目标感和更积极努力。有研究表明，成就动机得高分的孩子在事业上的发展比得低分的孩子更容易超过其父亲，得高分的31岁男女参与者到41岁时所得的工资往往比得低分的同龄人要高。

心理学家认为，成就动机含有两种成分：追求成功的倾向和避免失败的倾向。一个人成就动机的水平等于追求成功倾向的强度减去避免失败倾向的强度。所以，前者越强，一个人的成就动机就越强；后者越强，一个人的成就动机就越低——太害怕失败，就会不敢接受挑战，从而规避困难的任务。

关于主动性和活力性的内涵，前文中已介绍过，这里不再赘述。主动性强的人突破职责边界主动承担，本身就反映了其对于工作激情的具体行动表现；活力性高的人，总是会表现出风风火火和不知疲倦的一面，这是激情满满的另一种表现。

一个激情满满的新媒体人

应聘岗位：新媒体主管

候选人情况：这个候选人在初试中表达了很强的成就动机，但需要着重考察是否能够持续保持激情，以及是否自己能落地执行。

对应性格特质相对水平：成就动机高，活力性中高，主动性中（见图7-9）。

面试官：请举例说明，你主动想到做的一件为公司创造价值的事情。

候选人：我之前所在的公司，新媒体方面主要就是做公众号运营，我进去后发现光是公众号运营影响力还是不够，就主动给公司搭建了新媒体矩阵，最后取得的效果还不错。

面试官：包括哪些呢？

候选人：有百家号、微博、抖音、今日头条等十几个平台。

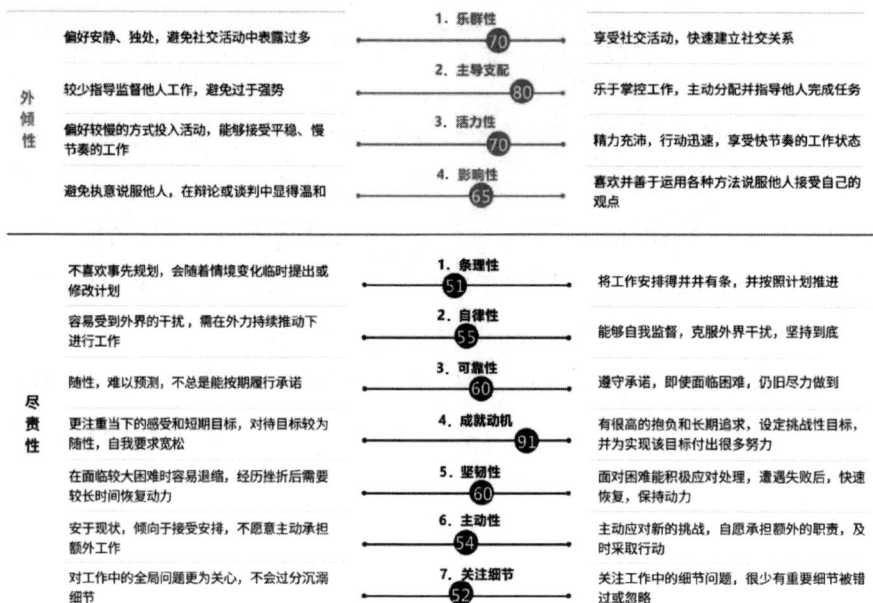

图 7-9　候选人的测评报告（部分）

面试官：现在还都在运营吗？哪个平台的影响力比较好？

候选人：都在运营中。相对比较高的是今日头条吧，有时候阅读量能达到 10 万以上。

面试官：你具体做了什么呢？

候选人：在建立这些平台账号之后，我就在主导运营。过程中，我发现不同的标题，能带来不同的效果，而且不同时间段发送，也能带来不同的效果，所以，做了很多改进的工作。

面试官：你发现的是什么时间段推送会比较好。

候选人：职场人士大多是晚上六点左右下班，所以我发现七点发送的文章阅读量比较高，然后就是晚上十点左右，之后我们的文章都是统一在晚上七点发送。

面试官：除了这个之外，你还做了什么？

候选人：我们公司很多同事之前并不会主动转发公司的文章，但我觉得这还是非常重要的，毕竟能够很好地推动我们的雇主品牌建设，所以就推动大家去转发。

面试官：那你是怎么做的呢？

候选人：我自己会带头，然后也会在公司群里请大家转发，只要有人转发，我就会在朋友圈点赞，并且截图发在群里。

面试官：效果怎么样？

候选人：刚开始，会有一部分人开始重视了，但效果还不是很好。后来我就私下请部门负责人喝奶茶，让他们督促自己的部门。

面试官：自己请的吗？花了多少钱？

候选人：花钱倒是不多，总共也就200多元吧。

面试官：这个钱，后来报销了吗？

候选人：钱也不多，不值当报销，也没想过要报销的事情。

面试官：你自己的工作节奏是怎么样的？

候选人：这个行业很内卷的，很多"00后"都出来了，不努力很快就淘汰了。所以我们很多时候就算下班了，还要不停地刷文案，看别人的文章怎么写的，有时候会参加线上课程学习。

面试官：参加哪一类课程？自己花钱吗？

候选人：主要是跟新媒体运营相关的，有免费的，也有花钱的。工作三年，我花了将近一万元了。

面试官：每天花多长时间呢？

候选人：平均下来，一天能有一小时，有时候比较累，但坚持下来习惯就好了。

通过过往的事例，面试官的判断是，候选人有着较强的成就动机，能够主动思考需要解决的问题，并自行推动完成，在这个过程主动投入大量的业余时间进行学习与成长。综合所有信息，所有面试官都认为该候选人比较匹配目标岗位，一致同意录用。该候选人入职后，也体现出了积极主动的一面，得到了上级和同事的好评。

⇨ 他有决断力吗

工作中，有些人思维敏锐、行动力没问题，但每到决策环节都会优柔寡断，抑或太过于独断——这两种情况下，都很难委以重任。就像有些岗位不能过于优柔寡断（如市场负责人岗位）一样，有些岗位过于独断也会存在风险，如财务岗位（见表 7-3）。

表 7-3　独立决断要求"高"与"低"的岗位

独立判断要求高的岗位	独立判断要求低的岗位
市场	财务
创意	采购
店长	一线工人
销售	审计
事业部总经理	助理

决断力的背后需要两个素质方面的支撑，一个是对事情准确的判断力，另一个是敢于做决定并承担结果的勇气。《决断力：领导赢家的关键能力》一书中提到，一个强决断力的人，需要具备的就是短暂时间内快速做出分析的能力，以及独立做出选择的能力。决断的四个阶段如图 7-10 所示。

面临选择 ⇨ 分析选项 ⇨ 做出选择 ⇨ 接受结果

图 7-10　决断的四个阶段

我们对比了那些被认为是高决断力和低决断力的群体，发现那些高决断力的群体，其分析性思维和独立性两项性格特质表现出较为明显的高分倾向。

独立性，是指思考的独立，决策的独立。独立判断看起来简单，做起来并不容易。部分人受成长环境影响，并没有构建独立思考和判断的能力。在信息爆炸时代，每个人都在发表言论，同时也十分容易受到他人言论影响，保持思维独立也需要定力与批判意识。在关键事项上，容易受到他人意见的影响或表现得犹豫不决，对于某些需要快速决策的岗位来说，就成为一种障碍因素。

独立性的背后，是分析思维能力的体现。分析思维是指把错综复杂的事情分解成简单的组成部分，找出这些部分的本质属性和彼此之间的联系。要对问题进行正确判断，分析能力是必不可少的，分析能力的强与弱决定着一个人做出独立判断的快与慢。

一个谨小慎微的财务主管

应聘岗位：财务主管

候选人情况：这个候选人有六年财务工作经历，但职级几乎没有变化，需要确定其是否具备承担更高层级的责任和工作的能力。

对应性格特质相对水平：独立性中低，分析性思维低（见图 7-11）。

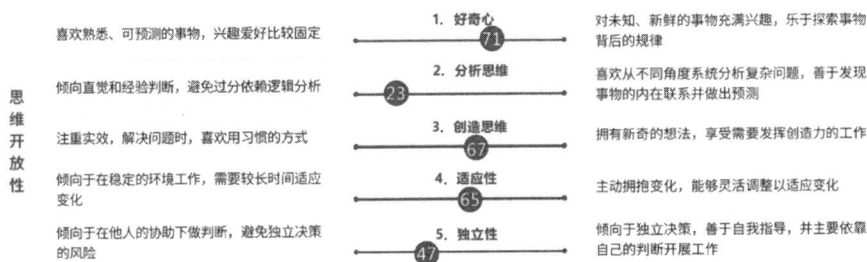

思维开放性		
喜欢熟悉、可预测的事物，兴趣爱好比较固定	**1. 好奇心** 71	对未知、新鲜的事物充满兴趣，乐于探索事物背后的规律
倾向直觉和经验判断，避免过分依赖逻辑分析	**2. 分析思维** 23	喜欢从不同角度系统分析复杂问题，善于发现事物的内在联系并做出预测
注重实效，解决问题时，喜欢用习惯的方式	**3. 创造思维** 67	拥有新奇的想法，享受需要发挥创造力的工作
倾向于在稳定的环境工作，需要较长时间适应变化	**4. 适应性** 65	主动拥抱变化，能够灵活调整以适应变化
倾向于在他人的协助下做判断，避免独立决策的风险	**5. 独立性** 47	倾向于独立决策，善于自我指导，并主要依靠自己的判断开展工作

图 7-11　某财务主管的测评报告（部分）

面试官：我看到你工作了六年，有两份工作经历，都是做财务，为什么会考虑换工作呢？

候选人：第一次换工作是因为那个公司太小了，希望能换个大的平台吧。第二次就是这次了，是因为工作了几年感觉工作没有太大变化，希望有更好的发展机会。

面试官：为什么上一份工作几年了没有什么变化，内部没有晋升机会吗？

候选人：有是有的，感觉比较慢吧，最近公司又招聘了一个财务主管，本来我以为这个岗位是会晋升我的，现在看是没有机会了。

面试官：关于晋升这件事，你跟上级谈过吗？

候选人：我也不太好意思提，但上级也大致跟我提过吧，意思是让我安心做好手头的工作，把财务方面专业的工作做好。

面试官： 上级有对你的工作或对你本人做过什么评价或提过建议吗？

候选人：也提过，主要是两个方面吧，一个是希望我多做一些业务方面的分析，另一个是说让我独立思考、独立判断。

面试官： 上级是因为什么给你这样的建议呢？

候选人：其实我的工作主要是做财务报表和财务报销等方面的审核，因为工作量还是比较大的，所以财务报表我会做一些分析，但主要是财务方面的，而业务方面的分析我确实没时间，对业务也没那么了解。关于独立思考、独立判断，我的理解是，对于有些财务报销情况，我们公司因为很多驻外或出差的同事，财务报销有很多特殊情况，在财务规章里面没有明确的规定，遇到这种情况，我肯定不能直接定，就去找上级做判断，他可能觉得在这方面我找他多了点。

面试官： 你的上级跟你提出这样的建议后，你做了什么改进？

候选人：业务分析方面，我也尝试做过，主要也就是分析一下销售额、利润额、资产收益率等基本的数据，提交给了我们经理，他让我再分析一下数据背后的原因，这方面因为我不是做业务的，所以确实没有太多的想法，我觉得这个也不是我能做得到的。

面试官： 财务报销方面，你遇到过哪些特殊情况，你是如何处理的？

候选人：我们公司出差和驻外的情况比较多，原来规则要求是大家的报销都需要按时提交票据，但实际上很难做得到，有时候业务忙起来就来不及，后来就口头说了一下，可以先给大家打款，不影响开展业务，票据统一提交。但从我的工作角度，还是会审核，尽量让大家按时提交，如果没有提交的，我就会找上级来确认一下。

面试官： 既然已经口头说过了，为什么还需要确认呢？

候选人：我毕竟是做财务工作的，我的职责就是按照规则来办，不然会存在风险，所以还是觉得需要上级来确认下才放心。

基于上述信息，面试官的判断是，该候选人财务方面的原则性较强、能够按部就班地做好财务数据的梳理分析，但对于事物背后的规律分析能力弱，且对于变通的情境无法及时应变和做出自己的判断、决策，可以做好一些基本的财务工作，但作为财务主管来说，能力不匹配。最终，面试官一致决定不予通过。

他做事细致吗

我们经常说，"细节决定成败"。其实就是在强调细致做事是多么重要。

大多数时候，候选人之间在智力和潜力上差异并不是那么大。很多小事，一个人能做，其他人也能做，只是做出来的效果不一样，差就差在细节上。不把细节当回事的人，反映出来的是对工作缺乏认真的态度。注重细节的人，不仅认真对待工作，将小事做细，而且注重在做事的细节中找到机会。

面试中，当面试官问到候选人觉得自身有哪些缺点时，候选人大多数会避重就轻地回答，"我觉得自己还不够细心"。这个所谓轻量级的缺点，对于有些岗位却是否决项。需要"细致"的岗位如表 7-4 所示。

表 7-4 需要"细致"的岗位

岗位名称
财务、审计、高空作业、律师、咨询顾问、精密仪器操作工等

根据大量观察与数据积累，我们发现那些细致的人和细致度没有那么高的人之间的差异，主要体现在关注细节和条理性两个性格特质上。

关注细节的人，相比于其他人会将视角优先放在那些很细微的事物上，一眼就看到很微小的差异或错误。相比于不关注细节的人，关注细节的人对于全局的感知没有那么强烈，但却会尽量避免某一个点上的错误。

条理性代表一个人对于事务安排的计划性及过程执行的到位程度。因为有了条理性，所以可以对工作有效分解，进而很好地把控工作的细节。

一位做事有计划的咨询顾问候选人

应聘岗位：咨询顾问

候选人情况：这位候选人有过两年的工作经历，研究生学历，之前在教育机构担任课程开发；之前的面试中其他素质项评价较高，但细致性上待考察。

对应性格特质相对水平：关注细节中，条理性高（见图 7-12）。

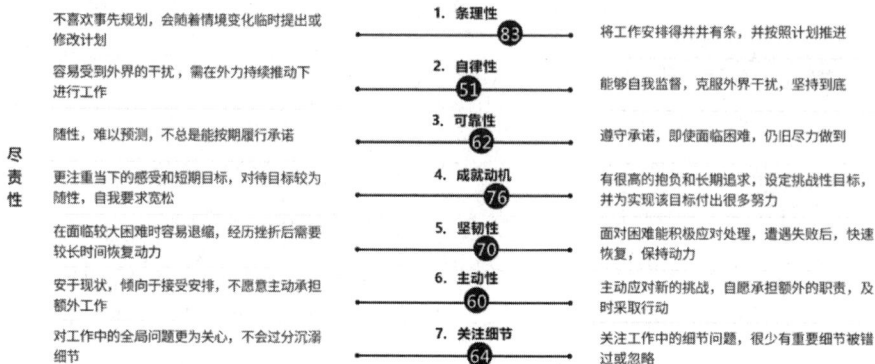

	不喜欢先事先规划，会随着情境变化临时提出或修改计划	1. **条理性** 83	将工作安排得井井有条，并按照计划推进
	容易受到外界的干扰，需在外力持续推动下进行工作	2. **自律性** 51	能够自我监督，克服外界干扰，坚持到底
尽责性	随性，难以预测，不总是能按期履行承诺	3. **可靠性** 62	遵守承诺，即使面临困难，仍旧尽力做到
	更注重当下的感受和短期目标，对待目标较为随性，自我要求宽松	4. **成就动机** 76	有很高的抱负和长期追求，设定挑战性目标，并为实现该目标付出很多努力
	在面临较大困难时容易退缩，经历挫折后需要较长时间恢复动力	5. **坚韧性** 70	面对困难能积极应对处理，遭遇失败后，快速恢复，保持动力
	安于现状，倾向于接受安排，不愿意主动承担额外工作	6. **主动性** 60	主动应对新的挑战，自愿承担额外的职责，及时采取行动
	对工作中的全局问题更为关心，不会过分沉溺细节	7. **关注细节** 64	关注工作中的细节问题，很少有重要细节被错过或忽略

图 7-12　一位咨询顾问的测评报告（部分）

面试官：请分享，之前在工作中因为你的粗心而造成的较大损失的事例。

候选人：嗯，造成很大损失倒也没有，是有一件事情让我印象比较深刻。刚入职的时候，我参与了一个新人训练营，我是纪律委员，需要每天提醒同学第二天的学习时间和内容，但那一天我忘了通知了，导致大家不知道第二天需要带的物料，让那节课的效果很差，我也很自责。

面试官：为什么会忘记？

候选人：那天回去比较晚了，而且我以为大家都知道了，毕竟课上老师讲过了。

面试官：你后来是怎么处理这个事情的？

候选人：我和全班同学道了歉，和老师私下道歉了。

面试官：之后你又做了什么来补救吗？

候选人：从那以后，只要遇到需要通知的，我就定好闹钟，就再也没发生过类似问题了。

面试官：当时为什么选择你做纪律委员呢？

候选人：也是很偶然的机会。我有个习惯，就是每件事都会做个备忘录，会专门记录在日程表里，而且会有一些自己的总结，然后刚好被负责新人训练营的 HR 老师看到了，她觉得我做事有计划，就推荐了我。

面试官：你是什么时候开始有这个习惯的？

候选人：从大学开始吧，那时候准备考研需要，后来发现很有用，就坚持下来了。

面试官：现在还在坚持吗？

候选人：是的，现在已经很习惯了，也不觉得是一件专门的事情了，就是一个日常小习惯。

面试官：是在电脑上吗？可以看一下吗？

候选人：电脑上和手机上都有，可以啊，没问题。

面试官：哦，你这不仅是日程提醒啊，有点像工作日记了，记得很详细。

候选人：也不完全是日记，其实就是把一些工作的心得记录下来了。

面试官：工作上容易在哪方面出现差错？

候选人：大的差错倒也不会有，主要是小细节，还是会有，如准备的课件有时候会有错别字，格式上有不统一的地方，这些大多数也是因为时间紧，平常不太会出现。

面试官：你是怎么避免出现这种情况的？

候选人：我后来基本是对于所有要交付出去的书面文件，都要请一位特别细致耐心的同事帮助检查，我也受她的启发，越来越会关注到细节的东西，现在基本交出去的东西都不会有什么问题了。

从上述面试信息，面试官整体判断，该候选人的实际表现与其性格特质的结果基本一致，有较强的条理性，关注细节不算突出，但能够通过自己的认真负责弥补这方面的不足，也并不存在明显的短板。最终，面试官一致认为在细致性上，该候选人能够符合岗位的需求。

对于一些关键岗位上的人才，往往因某个特定的特质或素质就影响了其最终的表现，或者使其在岗位上存在较大的风险因素。企业在选人中，识别这样的"致命点"因素是关键。借助科学合理的方法和工具，能够让识别过程更加高效和精准。

➡ 关键发现

1. 活力性、坚韧性和主动性特质突出的候选人，更有可能适应加班。

2. 平和度、适应性和抗压性特质突出的候选人，更有可能不频繁跳槽。

3. 自律性、坚韧性和可靠性特质突出的候选人，更有可能耐得住寂寞。

4. 可靠性、自律性和条理性特质突出的候选人，更有可能做事靠谱。

5. 合作性、谦虚性和利他性特质突出的候选人，更愿意团队协作。

6. 抗压性、坚韧性和适应性特质突出的候选人，更有可能经受住挫折。

7. 成就动机、活力性和主动性特质突出的候选人，更有可能充满激情。

8. 独立性、分析思维特质突出的候选人，更有可能独立判断。

9. 关注细节、条理性特质突出的候选人，对细节把控更加敏锐。

第八章

测评应用的面试对话录

> 评估一个人非常困难，不能任凭大脑自动决定。
>
> ——费洛迪《合伙人》

宁陆公司是一家以技术起家的医疗器械生产制造企业，其创始人李辛路早期在行业内的一家集团公司担任了十几年的技术负责人，积累了丰富的行业经验与技术经验。在创办宁陆公司之初，李辛路就提出两个立企之本，一是要在技术研发上持续投入，保持技术上的领先；二是要补齐企业在销售上的短板，基于自身的技术优势，开展基于专业能力的销售。

然而发展并不如想象般顺利，销售团队的能力一直难以支持公司的增长，于是李总决定招聘一位靠谱的销售经理来负责销售目标的完成。但对于什么样的销售经理能够胜任这个岗位，李总心里有些打鼓。一次论坛上听到德锐咨询选人的分享后，他专门来参加了选人培训班，之后很快决定请我们进驻企业，系统提升管理层的选人能力。

▷ 精准的人才画像

为宁陆公司找到合适的销售经理的第一步，是建立精准的人才画像。

在确定宁陆公司销售经理画像时，我们采用了基于工作内容的团队研讨方式，并结合了 DR01（德锐人才性格测评）数据库中销售经理的大样本量数据。其原因主要是宁陆公司仍处于创业阶段，工作职责并不稳定，只有内部核心管理层了解。另外，该岗位在公司内部并没有大量的人员，无法通过测评数据的对比方式推导人才画像。

画像确定的过程，经过了两大步骤。第一步，在管理层精准选人培训时，现场研讨了销售经理的画像；第二步，我们对结果做了初步修改后，与李总等核心管理层做了共创讨论，最终确定了销售经理的人才画像卡。宁陆公司销售经理人才画像卡如表 8-1 所示。

表 8-1　宁陆公司销售经理人才画像卡

宁陆公司销售经理人才画像卡		
人才画像		题库
冰山上		1．三年以上销售经验 2．大专及以上学历
冰山下	先公后私	1．请分享，面对个人利益与组织利益发生冲突，你成功处理的事例。 2．请分享，遇到别人做出损害公司利益的事情，你正确处理的事例。 3．请分享，你曾经为了完成工作目标而做出的最大个人牺牲的事例
	事业激情	1．过去工作中，你遇到最有挑战性的任务是什么？你是怎么处理的？ 2．请分享，你为实现超越个人利益之上的事业追求，做出努力的例子。 3．请分享，你通过不断学习新知识和新技能提升工作效率的事例
	坚韧抗压	1．请分享一段你工作强度最大，加班时间最多的经历。 2．举例说明，你被否定或受到打击仍然坚持取得成功的事情
	影响推动	1．请分享，你成功影响他人接受产品/方案，给公司带来巨大收益的事例。 2．请分享，面对与上级观点/做法有分歧，你成功说服上级的事例。 3．请分享，面对他人不配合，你依然如期推进工作的事例
	聪慧敏锐	1．你在过往是如何解决个人和团队人际方面的矛盾的？ 2．请分享一个你快速和陌生人建立联系并搞好关系的经历。 3．你在过往工作中遇到最棘手的突发情况是什么

对于该人才画像卡，虽有一些争论，但最终都同意可结合使用，每过一段时间就做审视与优化。李总也对该人才画像卡的标准做了说明。

首先，我对冰山上的两个标准做个说明。德锐咨询的老师再三强调，要放宽冰山上、坚守冰山下，所以对于冰山上我们只定了两个标准。一个是经验，另一个是学历。我们招聘的销售经理，不是一般公司随便给销售人员的一个名称，所有销售都叫销售经理，我们的销售经理实际是公司未来几年的销售负责人，是既会做销售，又有销售的实战经验，还要能够带教团队。我们也不希望把这个标准定得太高，我认为三年的经验要求是合理的。另外，这个销售经理要有一定的学习、总结归纳能力，学历太低恐怕做不到，但也不需要太高的学历，遵循放宽的原则，我们初步确定为大专的标准。

对于冰山下的标准，我也做个说明。销售是最靠近客户、最靠近一线的，如果销售负责人不能站在公司全局利益考虑，很容易出问题。所以，作为销售经理的第一个要求，就是先公后私。有了这个基础，我们再看其他的标准。我们原来研发人员、工程师比较多，大家比较沉闷，只知道低头做事，但企业最重要的是满足客户需求，是要达成经营成果。销售是牵引企业业绩增长的龙头，所以，销售经理的人选应该拥有较强的成就动机、主动性与不断学习进步的精神，我们把这些可以总结为事业激情。作为销售负责人，同时也是公司的大销售，尤其是我们的产品是面对机构或代理商的，需要销售负责人有较强的影响力，不仅可以与客户沟通，还能够说服影响甚至推动客户的决策流程。所以，影响推动也是很重要的素质。再一点，我们的销售工作做起来不那么容易，被拒绝、压力大、工作强度大是常事儿，更何况我们还处于快速成长的创业阶段，更是如此。所以，对我们所有人来说，坚韧抗压是基本素质，对销售经理更应如此。最后，销售是一个频繁与人打交道的工作，除了各种各样的客户，还要跟内部同事很好地配合，面对着复杂多变的市场环境，如果没有极强的应变力、思考力与人际敏感度，很难把这个事情做好。所以，聪慧敏锐对于销售经理来说也非常重要。

综合以上，我们将先公后私、事业激情、影响推动、坚韧抗压和聪慧敏锐作为选拔销售经理的标准。

基于素质项的定义及其所代表的关键行为，为便于应用测评结果辅助筛选，我们将 DR01（德锐人才性格测评）的各个性格特质对应到了上述五个素质项，其结果如表 8-2 所示。

表 8-2 宁陆公司销售经理素质项与对应性格特质

素 质 项	对应性格特质
先公后私	谦虚性、合作性、利他性
事业激情	成就动机、活力性、自信度
坚韧抗压	抗压性、坚韧性
影响推动	影响性、合作性、主导支配
聪慧敏锐	分析思维、同理心、适应性

让人眼前一亮的候选人

梁齐毕业于一所工科大学，获得了硕士研究生学位。毕业后，他在一家医疗器械企业做了将近三年的研发工作。后来，公司需要一批有技术背景的销售，他根据自己的兴趣转型做了销售，这一做又是将近两年。梁齐本来希望能够跟随公司做大做强，自己也能够有一个发挥所长的平台。老板的一次"多元化"投资，却改变了他的职业轨迹——这次多元化，让公司陷入了困境，最终公司以被并购而告终。

变换了股东的公司，失去了原来的战略方向，也失去了原来简单的文化氛围，让公司的整个管理团队都各奔东西。坚持了一段时间后，梁齐也开始看外部的工作机会。

当宁陆公司的招聘人员与面试官看到梁齐的简历时，都眼前一亮——尽管他做销售工作还不满三年，但其他方面看起来都符合公司的销售管理人员招聘条件。可是大家仍心存疑虑，在这样一个以被并购告终的公司里面，能够培养出什么样的销售管理人员？

之后，梁齐做了 DR01（德锐人才性格测评）后，面试官看到了他的性格特质报告及岗位画像报告。从作答风格来看，作答时长这一个指标显示速度偏快，其他如作答一致性、自我认知及自我表露都处于正常范围，选择倾向分布也较为合理（见图 8-1）。

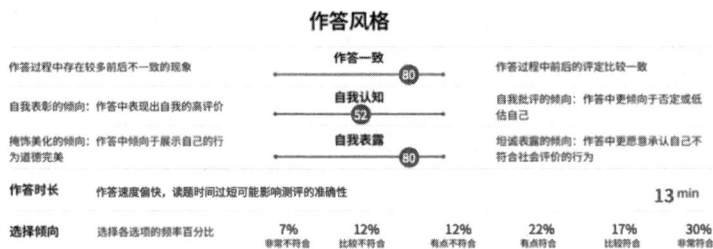

图 8-1 候选人梁齐测评报告（局部）

从大五人格的整体倾向上来看，梁齐的任务管理导向较为明显，在人际导向上会存在短板。但梁齐在人际管理和自我管理上也有自己的亮点（见图 8-2）。

维度	左侧描述	特质	分数	右侧描述
情绪稳定性	对可能发生的负面情况敏感，容易体验到不安、紧张的情绪	1. 平和度	94	大多数情况都保持平和、轻松的状态，在情况不明或紧急时依然很少担忧
	对于挑战性的工作和任务态度谨慎，避免无法胜任带来的风险	2. 自信度	84	面对困难不回避，相信自己能够有效应对各种挑战
	能够公开表露情绪，情绪起伏较大，恢复平静需要较长时间	3. 情绪控制	51	敏锐觉察自我情绪，平静、克制，能够合理表达情绪
	对压力敏感，批评和压力情境容易体验到挫折感	4. 抗压性	58	能够冷静应对压力、接受批评，平稳地做出反应
外倾性	偏好安静、独处，避免社交活动中表露过多	5. 乐群性	95	享受社交活动，快速建立社交关系
	较少指导监督他人工作，避免过于强势	6. 主导支配	82	乐于掌控工作，主动分配并指导他人完成任务
	偏好较慢的方式投入活动，能够接受平稳、慢节奏的工作	7. 活力性	53	精力充沛，行动迅速，享受快节奏的工作状态
	避免执著说服他人，在辩论或谈判中显得温和	8. 影响性	55	喜欢并善于运用各种方法说服他人接受自己的观点
亲和性	更多从自身需求考虑，对他人感受和需求不敏感	9. 同理心	95	设身处地理解他人，对他人需求感同身受
	倾向于独立工作，与他人意见不一致时不愿让步	10. 合作性	74	关注团队目标，包容他人，避免团队冲突
	强调个人的背景与经验，容易忽视他人的建议与反馈	11. 谦逊性	52	处事低调，不固守经验，倾向于接纳他人意见
	优先关注个人需求，避免因他人或团队而影响自己的利益	12. 利他性	68	关注他人或团队需要，主动提供帮助
思维开放性	喜欢熟悉、可预测的事物，兴趣爱好比较固定	13. 好奇心	82	对未知、新鲜的事物充满兴趣，乐于探索事物背后的规律
	倾向直觉和经验判断，避免过分依赖逻辑分析	14. 分析思维	94	喜欢从不同角度系统分析复杂问题，善于发现事物的内在联系并做出预测
	注重实效，解决问题时，喜欢用习惯的方式	15. 创造思维	93	拥有新奇的想法，享受需要发挥创造力的工作
	倾向于在稳定的环境工作，需要较长时间适应变化	16. 适应性	68	主动拥抱变化，能够灵活调整以适应变化
	倾向于在他人的协助下做判断，避免独立决策的风险	17. 独立性	45	倾向于独立决策，善于自我指导，并主要依靠自己的判断开展工作
尽责性	不喜欢事先规划，会随着情境变化临时提出或修改计划	18. 条理性	90	将工作安排得井井有条，并按照计划推进
	容易受到外界的干扰，需在外力持续推动下进行工作	19. 自律性	68	能够自我监督，克服外界干扰，坚持到底
	随性，难以预测，不总是能按期履行承诺	20. 可靠性	84	遵守承诺，即使面临困难，仍旧尽力做到
	更注重当下的感受和短期目标，对待目标较为随性，自我要求宽松	21. 成就动机	90	有很高的抱负和长期追求，设定挑战性目标，并为实现该目标付出很多努力
	在面临较大困难时容易退缩，经历挫折后需要较长时间恢复动力	22. 坚韧性	89	面对困难积极应对处理，遭遇失败后，快速恢复，保持动力
	安于现状，倾向于接受安排，不愿意主动承担额外工作	23. 主动性	91	主动应对新的挑战，自愿承担额外的职责，及时采取行动
	对工作中的全局问题更为关心，不会过分沉溺细节	24. 关注细节	38	关注工作中的细节问题，很少有重要细节被错过或忽略

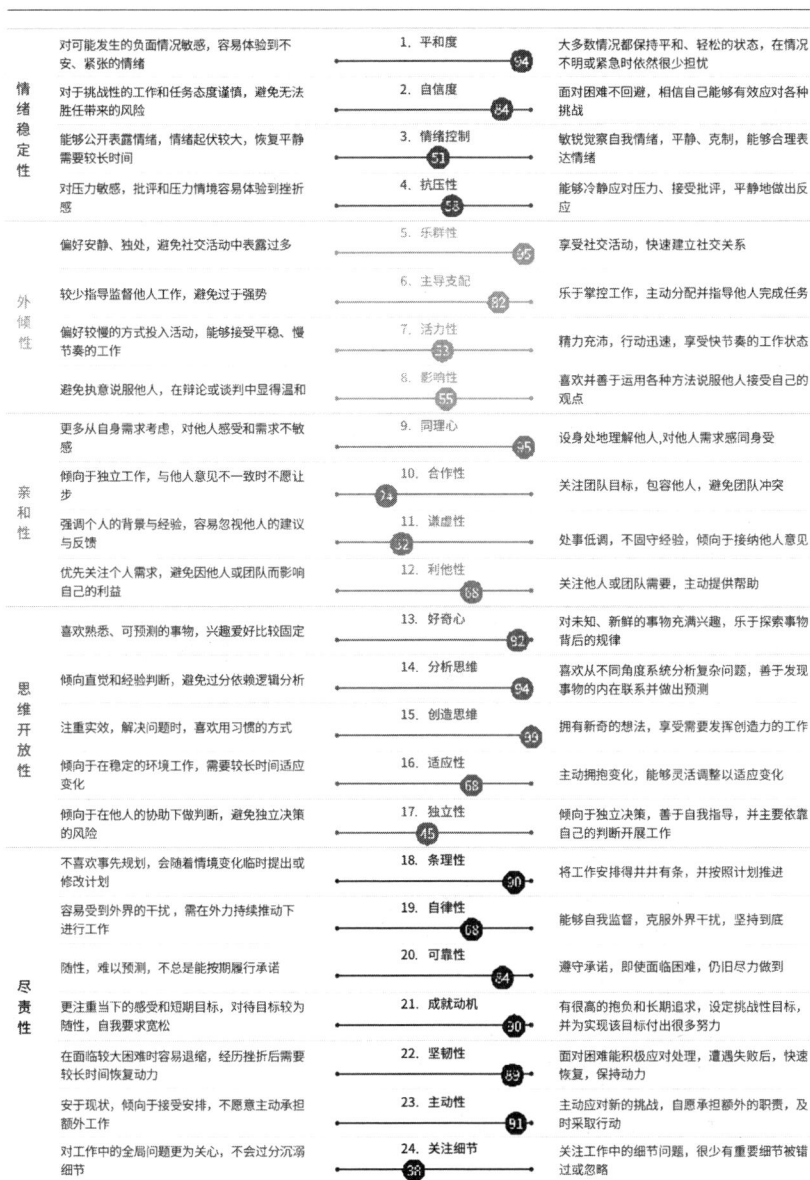

图 8-2　候选人梁齐测评报告（局部）

　　为便于做出判断，我们基于测评报告显示的特质分数，对梁齐的性格特质区分出高中低，并将这些高中低对应到销售经理素质项（见表 8-3）。素质项的高中低水平，会作为评估候选人优势与风险点的初步依据，以将其作为面试考察的参考。

表 8-3　梁齐在销售经理素质项上的表现

素 质 项	对应性格特质	素质项评估
先公后私	谦虚性—低、合作性—低、利他性—中高	中低
事业激情	成就动机—高、活力性—中、自信度—高	高
影响推动	影响性—中、合作性—低、主导支配—高	中
坚韧抗压	抗压性—中、坚韧性—高	中高
聪慧敏锐	分析思维—高、同理心—高、适应性—中高	高

注：结合所有性格特质的相对水平判断高、中、低。

将性格测评报告对应到宁陆公司的人才画像上，我们大致可以看到梁齐在五大素质项上的得分及分布情况（见图 8-3）。

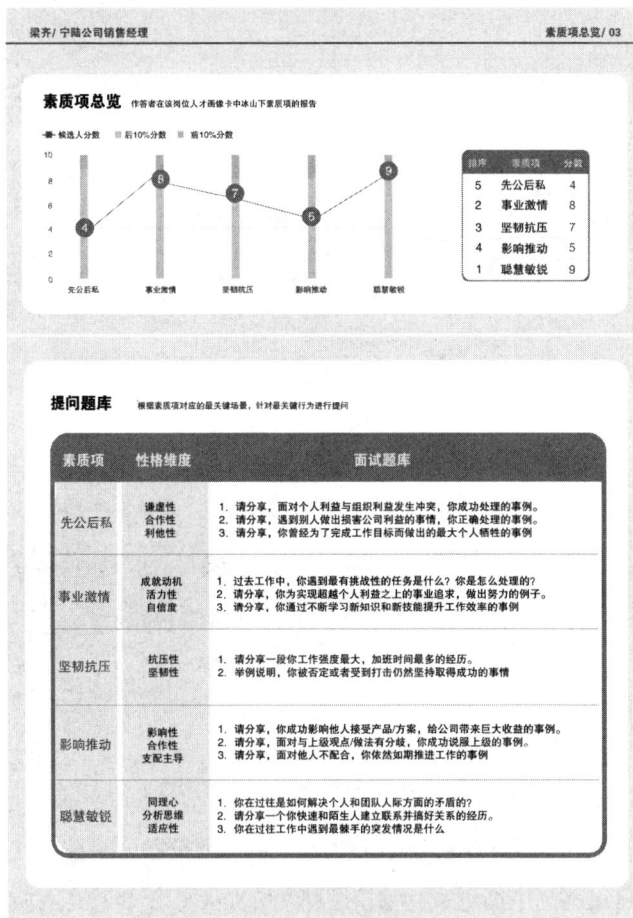

图 8-3　候选人梁齐的岗位画像报告（局部）

基于梁齐的过往经历，并参考性格测评结果及岗位画像报告，面试官展开了有针对性的行为面试，以 STAR 方式进行了层层追问。前文提到面试决策矩阵中的决策逻辑，一直在面试官的脑海里出现，作为决策的主要参考依据。

第一种情形，面试评价与测评结果都比较理想，增强该素质项符合的信心；

第二种情形，面试评价与测评结果都不太理想，增强该素质项不符合的信心；

第三种情形，面试评价理想，而测评结果不理想，对该素质项追加验证提问，防止错信人才；

第四种情形，面试评价不理想，而测评结果理想，追加挽救提问，防止错失人才。

因为宁陆公司一贯的增长导向与业务拓展导向，面试官先是考察了事业激情和影响推动两个素质项。

📑 极强的事业激情

事业激情高的候选人，才能够带领销售团队持续冲击更高的目标，实现目标上的持续突破。

> ### 一次课题经历体现出事业激情
>
> **面试官：** 请分享，你在过往经历中为自己设定高目标，并持续追求获得成功的事例。
>
> **梁齐：** 是工作中的，还是在学校的也可以呢？
>
> **面试官：** 都可以。我看你在刚毕业的时候在我们同行的××公司实习过，那段经历怎么样。
>
> **梁齐：** 我的几段实习工作都比较简单，我其实挺想接触难的、有挑战的工作的，但每次公司都只分一些简单的工作给我做。唯一有点专业性的是一段企业文化咨询项目实习，但也不是很难、没多大挑战。
>
> **面试官：** 那在学校期间呢，可以分享一个对你专业能力有很大挑战的

经历，你是怎么为自己设定目标并达成的。

梁齐：哦，学校期间有的。

我本科和研究生读的都是偏机械工程，一次一个作业需要用到数学建模，还要用到编程，我之前没做过，这对我是个很大的挑战。

面试官：你是怎么设定目标的，具体做了什么实现目标。

梁齐：其实目标很简单，就是要完成，还要很好地完成，要获奖。我先去找数据，又自学编程，其实这个模型原理我是明白的，只是让我实际做程序编写我不太会。我找同学问，同学给我推荐了学习视频，我就看视频自学。还有学校有关于这个问题的讲座，我都会过去听、学习。但因为专业跨度比较大，我还是感到很吃力。

面试官：这个模型的编程，课程要求一定要你自己做吗？

梁齐：也可以不自己做，毕竟只是个工具，但我自己就是想要去挑战一下，就算是给自己定了个目标吧。有一次，我师兄还开玩笑地说，"你没有这方面的天赋"。我就觉得不服气，这让我更加坚定要自己做出来。

面试官：你最终完成了这个模型了吗？

梁齐：嗯，我完成了。

面试官：你是怎么完成这个数据模型的？

梁齐：我到处问同学、问同门学长，他们给我推荐了书，我就自学；还有上面说的看视频学、听讲座学，过程中还熬了几个通宵，我就把程序编写了八九不离十了。完成后交给导师，我的导师又给我指导了下，我又改进了模型，最后就完成得比较好了。

面试官：你的导师对你所做模型的评价是什么？

梁齐：导师表扬了我，说我短期内能学得这么好，很难得。最后，我的课题获得了 A 的成绩，基本是前三名吧。

从面试中梁齐讲的事例，可以看得出来，在一次校内的作业完成过程中，也体现了他所具备的事业激情。但对于已经毕业了多年的候选人，一段学习内的经历，还不足以打动面试官。

为追求更高的目标而转岗

面试官：除了学校的这段经历，还有什么经历能够体现你的目标追求或事业追求。

梁齐：其实在之前公司的转岗就是很好的体现。

面试官：那说说看？当时是怎么样的情况？

梁齐：我们原来的公司比较特殊，早期的时候都没有什么销售团队，老板和几个高层自己做销售。后来公司大了，要建销售团队，从外部招聘专职销售人员，时间长了发现，没有专业的产品开发与生产背景，做不好销售，那些招来的销售干不下去，一个一个地都离开了。后来，公司就想着从内部选有专业背景的人来做销售。

面试官：后来从内部转岗了多少人做销售？

梁齐：公司原来计划是能找出来 20 个，但一开始没人报名，我也有点犹豫，后来自己思考一下，还是一狠心先去报名了。

面试官：当时是怎么考虑的？

梁齐：我还是觉得，做研发就是给客户提供更好的产品，说实话我们当时的研发有点摸不着方向，对于客户具体需要什么还是不那么清晰。所以，我本来就有想法要去了解市场，正好有这个机会就去报了。

面试官：那当时怎么还犹豫呢？

梁齐：犹豫是因为薪酬有下降，我们那时候销售人员拿提成，固定工资比研发岗位低一半，转岗过来销售业绩又不确定，一开始工资肯定少了，所以大家都不愿意去，我也有点担心。

面试官：大家都是担心薪酬的问题吗？

梁齐：也不仅是薪酬问题，还有个问题就是公司确定了比较高的销售目标，这个目标会比较影响大家的奖金和提成，压力比较大。

面试官：你没有这方面压力吗？

梁齐：我也有压力，但当时想既然想去做市场开拓，去接触客户，设定个目标也挺好，给自己动力。

面试官：最后实际转岗了多少人？

梁齐：转岗了八个。后来公司看没人报名，也不能强求，就把销售人员的固定工资统一调高了，没达到研发人员的水平，但也差得不多，所以后来陆陆续续有人报名，最后公司选出来八个人，大家还戏称我们八个人是八大金刚。

面试官：后来你们八个人做销售做得怎么样？

梁齐：第一年是老板亲自带着我们做业务，既是为了稳定业务，也算是培养我们，业务做得还是不错的，整体目标完成了112%。

面试官：是你们整个团队一起做的吗？

梁齐：算是老板带着我们六个人完成的吧，过程中有两个人算是掉队了，其中一个是自己离开了；另一个是公司觉得他不太能适应销售的工作，又转回研发岗位了。

面试官：在这个过程中，你具体负责什么？做出了多少贡献？

梁齐：我们大家都是一起分担着做，如拜访客户、与客户的沟通对接、客户的后续维护等，都要做，那一年所有客户是我们其中三个人主导对接，另外三个人辅助，我是主导的三个人之一。也可能是因为我比较拼吧，到了第二年，公司准备选择一个带领这个团队的人，就是选的我。

面试官：是给你晋升职位了吗？

梁齐：职级晋升了，但是也没有直接任命销售经理或销售总监这样的职务，当时是考虑说让我过渡一段时间，后来就出了公司层面的经营问题。

从前面的两段对话中，面试官做出了综合的判断，认为梁齐有着极强的目标感、在做一件事情时候能够高度投入，并且用成绩证明了自己。几位面试官一致判断，梁齐在事业激情这一素质项上的表现为高。这与其测评结果较为一致。

⇨ 中高水平的影响推动力

对于梁齐的事业激情和目标感，面试官一致认可了，那么他在人际互动上表现如何，能否主动建立关系，积极沟通，这是岗位的关键特征也是面试官考察的另一个重点。

为达成目标而积极沟通影响

面试官：大家多数时候会怎么评价你？

梁齐：就是比较热心吧，特别喜欢站出来承担一些事情，因为比较活跃，所以也就很容易被选出来带着大家完成一些工作。

面试官：这种状态是你喜欢的吗？

梁齐：我个人还是比较享受这种状态的，我不喜欢太沉闷，遇到事情的时候我会忍不住就站出来了。

面试官：那请你跟我们分享一个你主动站出来去推动工作完成的事例。

梁齐（沉思片刻）：有这样一个在学校时候的例子，不知道算不算。有一次，我在社团里面参与一个活动的时候，有一个任务是看要邀请哪些老师参加，也担心有的老师邀请不来，我们社团的负责人说让我先去跟团队的小伙伴商量一下，听听大家的建议。我当时觉得没有太大必要，我就想，我先试试看再说，就直接试着跟一些老师联系了，发现老师们还是很支持的，我就自己拟了一个名单和建议，给到社团负责人。因为我都跟这些老师联系过，了解他们的想法，社团负责人后来也就没有再说什么。

面试官：那后来是按照你的建议实施的吗？

梁齐：基本上是的，除了一个老师我问的时候说是可以，后来正式邀请又没有时间了，其他基本都来了。

面试官：你为什么会觉得跟大家商量没有太大必要呢？

梁齐：我觉得这个事情可能人越多意见越是不一致，反而耽误时间。

面试官：那请你跟我们分享一个工作中你成功说服客户或上级、同事的例子。

梁齐：那就分享一下我转岗到销售之后跟的第一个客户吧。当时老板带着我们去拜访之后，客户的需求是比较明确的，对于我们的产品也比较认可，但有点纠结在价格上。他们当面没有提，回来之后，他们一个负责人联系到我，先是提了一些疑问，我都一一解答了，最后落到价格上，我就感觉他们在意的还是价格。

面试官：那你是怎么答复的呢？

梁齐：价格上我知道我们还是有些空间的，我也做了准备，实在不行就降一些。但感觉这家公司的需求，是能够通过应用我们的产品来满足的，所以，就没有降价，先跟对方详细地做了说明。

面试官：这样对方就接受了吗？

梁齐：还没有，我就说去帮他们分析测算一下，通过我们的产品和服务能够带给他们的价值。后来我做了这个测算，详细地列出来了给他们带来的价值，既有文字说明，也有具体的数字，算是一个小报告吧，发给对方了。

面试官：后来呢？

梁齐：对方说去做个汇报，然后很快，对方高层就联系了我们老板，确认了一下细节之后，这个协议很快就签了。

面试官认为，虽然梁齐在与团队的合作上缺乏一些耐心，但整体在推动、影响上表现较为积极主动，也有自己的方法和策略。最终，有的面试官给他的影响推动上的评价为中高；有的评价认为在合作上存在风险，只评价为中，综合评估为中高。面试评价结果与测评结果相对一致。

偏低的坚韧抗压

销售经理承担着公司的业绩目标的达成，担负着公司最靠近市场端的责任，也承担着来自客户、老板、其他部门最多的期待，也就承担着最大的压力。所以，该岗位对于坚韧抗压的素质要求较高。

在面试中，面试官多次提问关于坚韧抗压的问题，以验证其能否适应公司对于这个岗位的需求。

对坚韧抗压考察的面试示例

面试官：请分享，在你以往工作中，经历过印象最深的挫折，你是如何应对并成功解决的。

梁齐：我也没经历过什么大的挫折。刚开始工作的时候，经历过一件事情，不知道算不算。

面试官：好，可以跟我们说说看。

梁齐：我是研发岗位，有时候需要给客户提供技术支持，与客户的对接很多，跟我一开始设想的不一样。

面试官：这对你来说算是挫折吗？

梁齐：哦，这算一个方面吧，也不完全是。主要是有一次，应对客户提出的难题，对我来说是个挑战，也比较有挫败感。

面试官：说说这次经历的具体过程吧。

梁齐：那个客户比较挑剔，其实之前就知道，内部同事也都说过。有一次，他们提出来需要派技术人员现场去解决一个问题，本来说是我们经理带队，但他的时间不太合适，刚好也在一个比较大的项目上，后来就说让一个新人去，那就只能是我或另外两位同事。

面试官：最后是怎么选择的呢？

梁齐：其实也不用咋选，我们仨谁去都差不多。那就看谁敢去了，所以就分别问了下我们，我就说我去吧。

面试官：那时候你比较有自信自己没问题？

梁齐：其实也不是，我自己觉得其实是不大行的，我们经理也觉得有难度。我们其他同事也有了解这家客户的，就劝我不要去。本来想说延期，就跟客户商量。

面试官：为啥你会觉得不大行呢？是因为那个技术问题你解决不了吗？

梁齐：技术上我没问题，担心应付不了客户，所以一直等着经理的时间，后来他实在抽不出来时间，客户又很着急，没办法，最后就我去了。

面试官：既然自己觉得不大行，还有另外两位同事，干吗自己还提出来要去？

梁齐：我们仨互相都比较了解，虽然都差不多，但以我自己的判断，我可能比他们更大胆一点吧，就觉得硬着头皮试试吧。

面试官：你自己去的吗？处理得怎么样？

梁齐：是我自己去的，这种问题一般也都是一个人去。后来我去了，确实技术上没有太大问题，但涉及这个问题解决之后，客户的有些流程要调整，是个系统的问题，我就不太熟悉了。

面试官：后来呢？

梁齐：我就跟我们经理通电话，包括找公司其他同事电话问，解决应该没有太大问题，但这时候客户就没有耐心了，又是催，又是抱怨的，搞得我有点不知道该怎么办。

面试官：既然你能够解决，那客户抱怨什么呢？

梁齐：我摸索着是可以解决，但毕竟没有有经验的同事那么熟练，客户可能也看出来了，就有点不耐烦，可能嫌慢吧。

面试官：后来呢？

梁齐：客户一抱怨，我也有点急躁，急躁了就容易出错，更慢了。后来还是我们经理把另外一个项目处理好又赶过来才解决的。我也觉得自己很有挫败感，毕竟是自己本来能干好的事情，结果没干好。

面试官：后来呢？客户和你的经理给你反馈了什么吗？

梁齐：客户后来还是跟我们经理有点抱怨吧，觉得好像给他们派了个新手。我们经理倒是也没有怪我，就是给我又讲解了一下方法。但是我后来还是会有挫败感，甚至想过是不是自己不适合做跟客户打交道的事。

基于该面试信息，面试官认为梁齐虽然敢于挑战困难，但较容易受到挫折的影响。综合评价下来，认为他的坚韧性中等，抗压性相对会偏弱一点，整体坚韧抗压属于中等偏弱水平。虽然测评结果显示坚韧抗压为中高，面试官结合面试结果，仍然评估该素质项为中低水平。

较高的聪慧敏锐

销售经理既要有拓展市场的计划，又要能够跟客户灵活、及时地沟通，在招聘销售经理时，聪慧敏锐就成为重要的素质项——候选人在对人、对事方面都要有敏锐度，有自己的思考和判断。

针对这一点，面试官在后续面试中重点进行了考察。下面是面试官与梁齐的其中一段对话。

一段聪慧的拉赞助经历

面试官：我看你的简历里面写了一段在学校社团的经历，说是参与组织了一场比较大的活动，还帮助活动拉到了赞助？具体你做了什么呢？

梁齐：是的，那是学校的一个迎新活动，每年的指定活动，算是学校比较大型的活动。

面试官：当时你是担任什么角色？

梁齐：那时候我大三，是在学生会做外联部部长，主要的任务就是跟外部进行联络沟通，其中拉赞助算是比较重要的工作吧。

面试官：那次活动的赞助你是怎么拉来的呢？具体做了什么？

梁齐：其实每年赞助都会有一些固定的赞助商，都形成惯例了，按说也不是太困难的事情，有时候找一下跟赞助商熟悉的师兄师姐帮助出个面就搞定了。

面试官：所以，你们很顺利地完成任务了？

梁齐：也不是，其实我们那一次就遇到了点麻烦。其中一个比较大的赞助商是一家大型企业的分公司，那一年那家集团企业整体可能效益不太好，就收紧了分子公司类似这样的对外赞助。

面试官：那家企业是做什么的？

梁齐：集团企业有很多业务，那个分公司主要是做与办公用品相关的业务。

面试官：后来呢？你具体是怎么解决的？

梁齐：第一次我跟我们外联部的一个同学一起去，人家态度比较好，但是就跟我们说明了这个情况，说他们可以申请一下，但是估计批下来有难度，他们会尽量争取吧。

面试官：后来呢？

梁齐：人家都这么说了，我们也就只能等着。后面因为我还在忙着活动的其他事情，就让那个同学跟进这边的情况，结果，过了几天收到了那个公司对接人员的信息，抱怨我们跟得那么紧，都影响他们工作了，他们申请了，大概率没戏了，让我们再想别的办法。我当时看到信息就有点懵，赶紧问那个同学什么情况，了解到可能是因为他每天发信息，有点着急了，他们发信息的来回语气可能也不太好，让对方不高兴了。

面试官：这期间一直是另外一个同学在跟进？

梁齐：是的，当时是我有点忽视了，所以看到当时那个情况，我赶紧先打电话道歉，平复对方情绪，然后又争取了当面去拜访的机会，我想当面聊才可能有机会嘛，就约了时间。约好时间，我就思考这个事情，觉得应该还有回旋余地，因为第一次去拜访的时候，能够感觉到分公司的人是想继续赞助的，只是碍于总部的压力。

面试官：你是怎么判断的？

梁齐：因为当时与对接的人聊的时候提到了这是个双赢的事情，而且也表现出了如果不能继续赞助很可惜的意思。

面试官：后来呢？你们去当面谈了吗，结果怎么样？

梁齐：我这时候就很认真地想了想这个事情，其实很多企业赞助大学生活动，还是看重这个市场和消费群体的。既然他们需要跟总部申请，我们就需要让他们的申请有说服力，也就是证明他们的赞助作为投资是值得的。这时候，我就带着我们团队的小伙伴，一起分析了一下他们过去几年的赞助投入，带动了多少销售额，又在学生中间产生了什么品牌效应。当时就当是做个小研究了，我们收集了能收集到的所有相关数据，又采访了一些跟这个企业有过接触的老师、同学，还做了一个小问卷，调研一下这个企业在学生和老师中间的知名度。

面试官：这个过程经历了多长时间？谁主导的？

> **梁齐**：因为拉赞助时间有限，要尽快确定下来，所以其实总共也就三天时间，都是我们外联部几个人主要在做，也找老师和社团的同学请教过。这个想法是我提出来的，所以这个过程也只能是我来组织大家。虽然比较辛苦，但参与的几个同学还是比较积极的。
>
> **面试官**：最后你们做出来的结果怎么样？
>
> **梁齐**：因为时间有限，还是有些做得不够完美，但应该能够有一定说服力了。其实结果就是我们出了一个几页纸的报告，主要是从几个方面说明：一个是赞助学生活动，让这个企业分公司的产品销售额过去几年有增加；二是相比于竞品，这个品牌在学生和老师中间有更高的知名度和美誉度；三是这个品牌跟学生建立了情感连接，很多毕业了的师兄师姐在跟我们聊到这个品牌的时候，其实都是带着感情的，毕竟都带着他们的青春回忆。
>
> **面试官**：后来这个结果跟赞助企业汇报了吗？
>
> **梁齐**：汇报了，其实当时我们再去的时候，他们一看到报告就很意外也很开心，也没想到我们会这么认真地做这个事情。销售额的数据他们是很清楚的，这也是他们有意向的原因。另外两个方面，算是他们的意外收获，虽然有这个预期，但之前他们也没有调研过，我们帮他们做了这个调研。
>
> **面试官**：后来呢？
>
> **梁齐**：后来的结果就比较顺理成章了，他们把我们的报告也报给了总部，总部很快就回复了。那次赞助额度相比于往年还增加了，而且还形成了后面几年的赞助合作，这个就是后来他们跟学校相关老师直接去谈的了。

从这段对话中反映的候选人经历中，能够看出梁齐独立的思考，对于人际的敏锐度，以及遇到问题时候的应变能力。当然，面试官还做了其他信息的验证和考察。最终，面试官对于梁齐在聪慧敏锐上的评价是中高水平。

⇨ 先公后私的境界

作为管理者，在全局观、团队利益服从组织利益等方面，一定是普通员工的榜样。尤其是销售管理者，不管是完成销售还是服务客户过程中，无论是达成目标还是利益分配过程中，都有更多的机会在自我利益最大化和团队、组织利益最大化之间做出权衡与选择。所以，先公后私就成为衡量销售管理者是否优秀的一个关键标准。

> **存疑的先公后私特质**

面试官：请给我们分享一个你为了团队目标或利益而做出让步与牺牲的事例。

梁齐（思考片刻）：做出牺牲倒也不至于，加班算吗？

面试官：你最忙的时候加班情况怎么样？

梁齐：加班到8—9点吧。

面试官：持续多久啊？

梁齐：阶段性的吧，有时候连续一周是这样。

面试官：其他还有什么事例能够体现你以组织、团队利益为重的？

梁齐：我觉得以组织利益为重最好的做法就是把本职工作做好吧。我觉得我自己相比于多数同事，应该还算是比较愿意承担的。

面试官：怎么体现的呢？你跟其他同事有差异的是什么？

梁齐：我不知道其他人怎么样，我觉得自己应该是属于那种喜欢往前冲的。例如，遇到有啥困难的工作，我基本就自己迎难而上了，比较少考虑依赖别人。

面试官：具体有什么事例吗？

梁齐：那就说一个刚开始做销售时候的事例吧。当时，老板安排了一个比较重要的客户，让我和另外一个同事跟进，我看了那个同事手头事情比较多，就跟他说了一下，后面就说我跟进吧，后来就一直是我跟进的。

面试官：另外那个同事手头有哪些事情会让他这么忙啊？

梁齐：他手头有一些老客户在维护，因为大家都是刚开始做销售，所以效率没有那么高，会比较忙乱。

面试官：老板为什么安排你们一起跟进这个重要客户呢？

梁齐：因为客户比较重要，我们俩的能力互补，刚好能够满足这个客户的需求，应该是这个原因。

面试官：那你自己跟进，能满足这个客户的需求吗？

梁齐：能满足吧，感觉这个客户也没有太难处理的问题。再说，我们也都习惯了各自主导多数工作。

从这些信息来判断，梁齐的尽责方面中等水平，而合作方面似乎仍然有些疑问，要处于中等偏低的位置。通过反复地追问，面试官感觉到这位候选人好像在先公后私这一素质项上亮点不多。综合考虑下来，面试官对梁齐在先公后私上的评价是，中等水平，与测评结果基本一致。

以上，从一个销售经理岗位的人才画像开始，再到一个候选人在人才画像各素质项上的测评表现，最后通过每个素质项的面试话术，给我们展示了测评应用面试对话的全景图。每一个管理者、每一个人力资源工作者，都需要学会构建特定岗位的人才画像，并应用测评及其配套的面试话术，以科学手段提升选人的精准度。

⇨ 关键发现

1. 通过测评，可以对候选人形成初步的画像，并以岗位画像报告形式呈现。

2. 通过 STAR 追问，可以以行为事例的方式考察候选人的真实素质表现。

3. 将面试决策矩阵应用于实际面试，基于测评结果与面试官评价综合做出决策。

4. 在面试中，对存疑的素质项应追问多个行为事例，交叉验证。

第九章

优秀企业定制化测评方案

他山之石，可以攻玉。

——《诗经》

定制化测评一方面可以提高精准度和选人效率，另一方面能够通过节约面试官的时间和规避选错人而显著降低用人成本。

根据企业的实际需求，我们帮助众多企业（包括德锐咨询）做了定制化的测评识人的方案。本章我们选取了部分实操案例，对项目背景、项目实践与落地情况，进行整体介绍，供读者参考。这些案例，既有其典型性和代表性，也有其特殊性。其他企业不应照搬这些做法，但是每家企业面对的问题及解决问题的方法，可以给其他企业更好地应用测评工具、精准识别人才，提供一些启发与思考。

案例一：找到匹配价值观的最优店长

樟南餐饮是业内知名的连锁餐饮企业，并且已成为中餐正餐的头部品牌。

为了持续做大蛋糕，樟南餐饮在全公司范围内开展人才选拔与针对性的激励。用什么样的尺子去测量员工，并最终找到匹配价值观的明星员工呢？人才盘点是最佳的工具。

"不要说我们没有人才盘点，我们樟南餐饮一直在做盘点，每个分部负责人也都在盘点，但是我们的盘点方法太粗糙，不科学，我们需要科学的方法。"樟南餐饮 CEO 张总曾对我们这么说。

科学的人才盘点方法是什么？

首先，我们帮助樟南餐饮导入了价值观和业绩双维度的人才盘点模型，通过盘价值观、盘业绩、定位置、找差距、判风险和找继任六个关键步骤，在樟南餐饮内部开展更加系统规范的人才盘点。从小范围试点，到分批推广、全面铺开，从沙漠腹地到蒙古包餐厅，从西北到东南，从价值观和业绩两个维度全方位评价员工，只有当业绩表现优异且价值观高度吻合樟南餐饮价值观的时候，才能成为企业的明星员工。

这次全国范围内开展的人才盘点，也让樟南餐饮对各地门店店长进行了一次全面梳理。作为门店的统筹管理者，店长不仅承担业务经营，更肩负着门店全面管理工作，也是樟南餐饮品牌呈现、客户体验的第一负责人。能力优异且价值观匹配度高的人才担任店长，决定了樟南餐饮门店运营质量。

为此，识别出优秀店长，并提炼其之所以优秀的底层素质，将这些素质作为未来招聘、培养的参考尤为重要。为了让店长的人才画像更加精准，以人才盘点的结果为依据，区分出樟南餐饮优秀店长与普通店长，通过对比性格测评数据，识别出优秀店长的特质。

性格测评在本次樟南餐饮项目中有两个重要应用。

第一个应用场景是，解读性格特质，辅助人才盘点结果决策，识别激励对象。在人才盘点的分数校准环节，当不同的评价人员对结果判断有分歧时，调出员工性格测评，参考相关维度得分，可以辅助最终判断。

第二个应用场景是，组间对比，分析刻画绩优店长人才画像，统一选人标准。项目组通过两个群体的性格测评数据的对比分析，寻找到绩优店长群体的突出特质，全方面打磨店长的人才评价标准，构建樟南餐饮店长精准的人才画像。

关于如何解读报告，了解个人性格特质，本书前文已有较多说明。此处重点展示第二个应用场景即组间对比分析，刻画绩优店长人才画像，助力识别和预测高绩效的突出特点，选择合适的人为企业创造价值。

整个过程，我们分三大步骤开展了工作。

第一步　收集数据，区分群体

基于人才盘点结果，区分了绩优店长及绩差店长，并且根据性格测评中的作答一致性、自我认知和自我表露等维度的相关要求清洗测评数据，最终锁定了绩优店长数量 83 人，绩差店长数量 66 人，分别作为我们本次数据分析的标杆组和对照组。

第二步　统计分析，结果呈现

以统计学中 Cohen's D 系数衡量标杆组和对照组的真实差异，根据系数结果将群体效应分为差异大、差异居中、存在差异和无差异，如此便可看出两个群体在哪些性格特质有着更大的差异。樟南餐饮店长标杆组与对照组分布差异如表 9-1 所示。

表 9-1　樟南餐饮店长标杆组与对照组分布差异

差 异 类 型	维　　度	Cohen's D	差 异 大 小
差异最大	成就动机	0.47	中
	可靠性	0.45	中
	关注细节	0.43	中
差异居中	主动性	0.40	小
	自信度	0.35	小
	好奇心	0.30	小
	创造思维	0.30	小

注：Cohens'D 越大，两群体差异越大，>0.2 为存在差异，>0.5 为中等差异，>0.8 为差异明显，<0.2 为差异不显著。

Cohen's D 系数显示，标杆组和对照组在成就动机、可靠性和关注细节的差异系数更大，其次是主动性、自信度、好奇心和创造思维。我们再将两个群体的所有性格特质分布用图做全部呈现，可以更直观地感受到两个群体在这些维度上的显著差异性（见图 9-1）。

我们的项目组讨论后认为，除了能体现两组差异的性格特质，那些无论在哪个群体身上都表现突出的性格特质也需要关注。于是那些在标杆组、对照组均表现突出的性格维度，可以视作店长群体身上的共同特质，如主导支配、影响性、乐群性、合作性和同理心，这些特质可被视为成为店长的必要特质。主导支配与影响性，是与领导力相关的关键维度，店长作为门店第一负责人是当之无愧的领导者，因此所有店长都应有领导意愿和意识。乐群性、合作性和同理心均与建立关系、换位思考相关，门店工作直面客户需求，辛苦且烦琐，所有店长都需要有较高的合作意愿、想他人所想、乐于与客户接触。

以上这些特质是所有店长都应具备的，但最终带来优秀业绩的，更多的是体现自驱成长的成就动机与主动性，体现卓越交付、高效执行的可靠性与关注细节，体现情绪自信的自信度，以及助于发散思维的好奇心与创造思维。

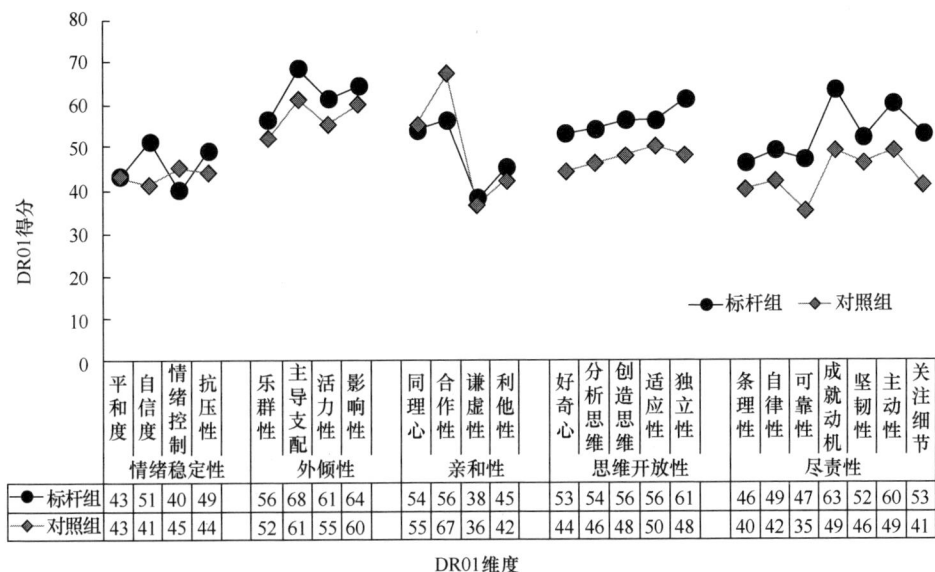

	平和度	自信度	情绪控制	抗压性	乐群性	主导支配	活力性	影响性	同理心	合作性	谦虚性	利他性	好奇心	分析思维	创造思维	适应性	独立性	条理性	自律性	可靠性	成就动机	坚韧性	主动性	关注细节
标杆组	43	51	40	49	56	68	61	64	54	56	38	45	53	54	56	56	61	46	49	47	63	52	60	53
对照组	43	41	45	44	52	61	55	60	55	67	36	42	44	46	48	50	48	40	42	35	49	46	49	41

DR01维度

图9-1　樟南餐饮店长标杆组与对照组性格特质分布对比

从分析结果来看，不难发现，门店店长应该成为多面手。遇到问题时，店长应该能够积极面对挑战、承担责任，发散思维让店长能充分思考寻找合适的解决方法，在卓越交付的驱动下按照公司的 SOP（标准操作程序）提供给客户最贴心的服务，增加营收。在这些性格特质的作用下，绩优店长在价值观和业绩上都有着优异的表现，当之无愧为公司的明星员工。但识别出这些关键的性格特质还远远不够，识别之后如何深化应用呢？

第三步　形成岗位画像报告，深化应用

我们将上文分析得出的绩优店长关键性格特质与人才盘点素质项做对应，又基于素质项定义补充一些必要的性格特质，形成樟南餐饮店长的人才画像，该人才画像已基本囊括樟南餐饮店长的所有关键特质。

樟南餐饮人力资源总监陆总监看到这个分析结果对我们说:"基本靠谱!成就动机、关注细节和可靠性的确与绩优店长的关联性更高。"

没过多久,我们的项目组成员又收到陆总监的微信留言:"高效执行也是店长很重要的特质,去不折不扣执行分支部老大和总部的目标以及要求。"我们对陆总监的建议展开了讨论,"在负责任这一素质项里,已表达了不折不扣履行承诺的要求,可以通过考察两个素质项去判断高效执行","回顾我们选人时设置素质项的原则,咬合而非简单相关、均衡而不单一、独立而不交叉、缺一不可,其中独立而不交叉就是素质项之间释义分明,彼此不重叠。从这个角度来考虑的话,高效执行可不再单独设置",陆总监接受了这样的建议,我们也基本确定了樟南餐饮店长的岗位画像报告(见表9-2)。

表9-2　樟南餐饮店长人才画像

人　才　画　像		
岗位名称	门店店长	
冰山上(学历、经验、技能)	专科及以上	
冰山下 (价值观、素质、潜力、 动机、个性)	素质项	对应的性格特质
	爱顾客	同理心、乐群性、可靠性
	爱伙伴	合作性、情绪控制、利他性
	真实	可靠性、谦虚性、适应性
	负责任	坚韧性、主动性、可靠性、关注细节
	荣耀承诺	可靠性、成就动机、主动性
	主人翁意识	利他性、成就动机

通过信息化系统设计,我们为樟南餐饮店长专门上线了店长岗位画像报告,该报告不仅报告了人才画像中的基础素质项,而且会附以相应的提问题库,面试官在此基础上借用行为面试法便可实现精准识人(见图9-2)。

至此,构建店长画像的工作暂告一段落,但樟南餐饮店长画像的应用才刚刚开始。未来持续应用领域主要有两个方面,一是人才画像在面试中的考察与应用;二是基于沉淀的数据去做进一步的数据分析,不断完善当前的人才画像。前一个方面,可以让选人更加精准,直接提升选人质量;后一个方面,是对人才画像持续的优化和迭代,让选人的方向与公司发展的方向保持一致,最终实现可持续的精准选人。

张某某/樟南门店店长 素质项总览/03

素质项总览 作者者在该岗位人才画像卡中冰山下素质项的报告

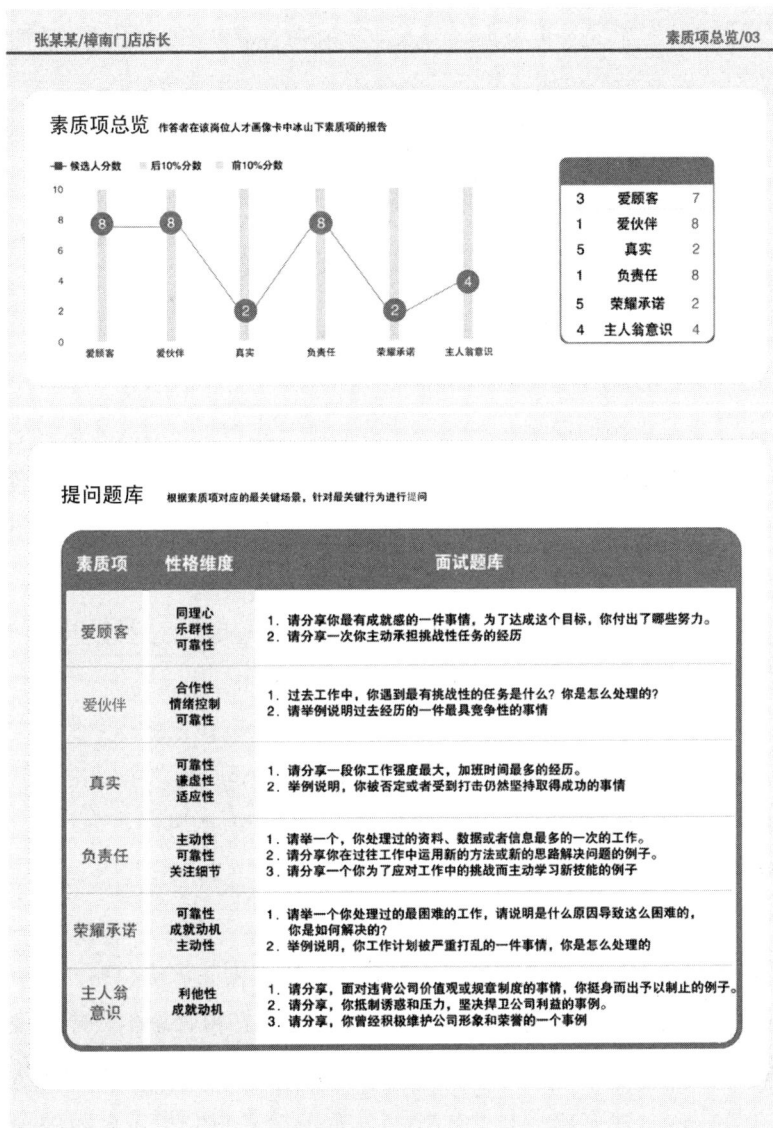

3	爱顾客	7
1	爱伙伴	8
5	真实	2
1	负责任	8
5	荣耀承诺	2
4	主人翁意识	4

提问题库 根据素质项对应的最关键场景，针对最关键行为进行提问

素质项	性格维度	面试题库
爱顾客	同理心 乐群性 可靠性	1. 请分享你最有成就感的一件事情，为了达成这个目标，你付出了哪些努力。 2. 请分享一次你主动承担挑战性任务的经历
爱伙伴	合作性 情绪控制 可靠性	1. 过去工作中，你遇到最有挑战性的任务是什么？你是怎么处理的？ 2. 请举例说明过去经历的一件最具竞争性的事情
真实	可靠性 谦虚性 适应性	1. 请分享一段你工作强度最大，加班时间最多的经历。 2. 举例说明，你被否定或者受到打击仍然坚持取得成功的事情
负责任	主动性 可靠性 关注细节	1. 请举一个，你处理过的资料、数据或者信息最多的一次的工作。 2. 请分享你在过往工作中运用新的方法或新的思路解决问题的例子。 3. 请分享一个你为了应对工作中的挑战而主动学习新技能的例子
荣耀承诺	可靠性 成就动机 主动性	1. 请举一个你处理过的最困难的工作，请说明是什么原因导致这么困难的，你是如何解决的？ 2. 举例说明，你工作计划严重打乱的一件事情，你是怎么处理的
主人翁意识	利他性 成就动机	1. 请分享，面对违背公司价值观或规章制度的事情，你挺身而出予以制止的例子。 2. 请分享，你抵制诱惑和压力，坚决捍卫公司利益的事例。 3. 请分享，你曾经积极维护公司形象和荣誉的一个事例

图 9-2 樟南餐饮店长岗位画像报告

🔖 案例二：让管培生更像管理者

管培生计划，是以"选拔与培养公司未来领导者"为主要目的的人才储备计划。该计划通过聘用高潜的应届毕业生，安排他们在公司各个部门轮岗，了

解整个公司的运作流程，再根据其专长来安排最终的岗位。经过一段时间的培养，让他们能够成为公司部门甚至是分公司负责人的后备人才。

众多知名企业通过管培生计划的方式，储备并培养了大量支撑企业发展的优秀管理者。例如，京东集团，自 2007 年起便创建管理培训生项目（又名"京鹰会"），用于从内部培养中高层管理者，目前已有 100 多位京东管理者出自京东管培生项目，他们走向管理者岗位的平均年龄为 32 岁，较公司其他管理者都更为年轻。

易康医疗是一家传统的医用防护用品企业，也是疫情期间的功勋企业。2020 年，受新冠疫情的影响，实现了业务的爆发式增长，对人才供给的数量和质量提出了更迫切的需求，尤其是面临人员新鲜力量不足的情况，易康医疗下定决心在管培生的招聘及培养上加大投入。但是由于缺乏科学识人、用人的方法与工具，"如何描述高潜力的管培生所应具备的特质"成为一大难题。

易康医疗的人力资源负责人凌琳有点苦恼地来问我们："我们的管培生要怎么选呢？"

"管培生的选拔与其他岗位人才选拔并无二致，主要包括几个步骤。首先，针对关键岗位制定精准画像；其次，培养面试官针对画像掌握精准提问及运用 STAR 方式精准追问，并让面试官们掌握使用测评工具的方法。"

凌琳又好奇地问："我们也会有'画像'，只是不知道针对管培生该怎么制定画像，你们是怎么精准制定画像的？"

"德锐咨询在构建人才画像时，大多数会采用共创共识法和测评分析法两种方法，我们可以先通过内部的共创共识十步成像法初拟管培生人才画像，等积累一定量的测评数据后便可以通过测评数据分析，进一步分析高潜管培生所具备的特质是什么。数据源于易康医疗，分析的结果也会更贴近易康医疗。当然，易康医疗以往没有积累太多管培生招聘经验，选人标准需要经过一个持续优化和迭代的过程。"

凌琳若有所思，"那数据分析的具体做法是什么？"

"对所有投递易康医疗管培生岗位的候选人提供性格测评，经过层层筛选后，所有候选人会被分为两个群体，即录用群体和未录用群体。我们可以对比分析两个群体的测评数据，看看那些通过严格筛选过程被录用的管培生身上具备什么特质，这些特质可以作为未来筛选人才的标准参考。"

凌琳点头，"嗯，这是一个不错的方式，可以尝试，让数据告诉我们答案。"

于是，DR01（德锐人才性格测评）成为易康医疗管培生招聘的首位"面试官"。

第一步　样本分组，数据收集

面向每一位管培生候选人发放性格测评并收集人才性格测评数据，将录用的群体纳入标杆组，未录用的群体纳入对比组。接下来，对两组性格测评数据进行群体对比分析，尝试发现到底具备哪些特质的候选人会通过面试被录用，面试官最关注的特质是什么。

第二步　分析数据，展示结果

易康医疗管培生组间性格特质对比分析如图 9-3 所示。

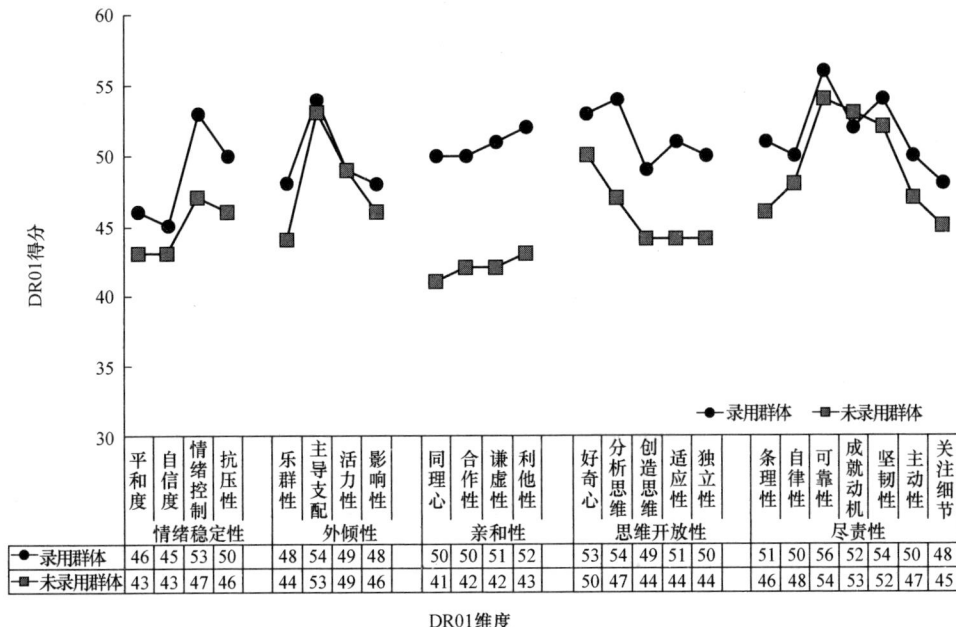

	平和度	自信度	情绪控制	抗压性	乐群性	主导支配	活力性	影响性	同理心	合作性	谦虚性	利他性	好奇心	分析思维	创造思维	适应性	独立性	条理性	自律性	可靠性	成就动机	坚韧性	主动性	关注细节
●录用群体	46	45	53	50	48	54	49	48	50	50	51	52	53	54	49	51	50	51	50	56	52	54	50	48
■未录用群体	43	43	47	46	44	53	49	46	41	42	42	43	50	47	44	44	44	46	48	54	53	52	47	45

| 情绪稳定性 | 外倾性 | 亲和性 | 思维开放性 | 尽责性 |

DR01维度

图 9-3　易康医疗管培生组间性格特质对比分析

分析的结果显示，相较于对比组，录用组在情绪控制、同理心、合作性、谦虚性、创造思维、适应性、独立性和条理性上表现突出。

（1）更高的情绪控制、同理心、合作性和谦虚性，有利于其在新的工作环境中建立良好的人际关系，能够促进有效的团队合作，成为团队里的协调者。

（2）更高的创造思维、独立性和适应性有利于他们更快开拓思路、解决问题，快速适应新的工作环境和工作内容，有独立决策的意识，更容易成长为独当一面的管理者。

（3）更高的条理性，能够让他们更有计划、有条理地开展多任务并行的工作，体现出管理者的基本素质。

对易康医疗而言，经过科学面试方法录取的管培生，客观呈现出了上述显著特征。将性格特质提炼为素质项，就形成了易康医疗管培生初步的人才画像。

第三步　提炼素质项，形成画像

初步形成的管培生人才画像经企业核心管理层确认，结合企业文化和战略对其做了修改与补充，形成了完整的易康医疗管培生人才画像（见表9-3）。

表9-3　易康医疗管培生人才画像

人才画像		
岗位名称	管培生	
冰山上（学历、经验、技能）	大学本科及以上	
冰山下 （价值观、素质、潜力、动机、个性）	素质项	对应的性格特质
	情绪控制	情绪控制
	人际敏锐	同理心、合作性
	谦逊自省	同理心、谦虚性
	条理性	条理性
	开放包容	合作性、适应性
	勇于创新	创造思维、独立性

之后，易康医疗的面试官依据人才画像进行人员招聘，并依据个人的优劣势制订录用管培生的个人发展计划，持续关注录用人员的绩效情况。对于录用的管培生，我们一一给出了优势和用人风险建议，供易康医疗后续用人参考，持续关注。

以朋同学为例，朋同学的性格特质显示他在情绪控制、谦虚性、条理性、可靠性和坚韧性分数较高，表明他能够较好地控制自己的负面情绪，很少冲动或感到沮丧，能减少对他人的负能量传输，营造轻松氛围（见图 9-4）。但朋同学身上也存在一定的风险点，如进入新环境需要更长的适应时间，有时候立场不坚定，容易纠结，整体进取心不足，倾向于接受安排，自己不会主动争取机会。

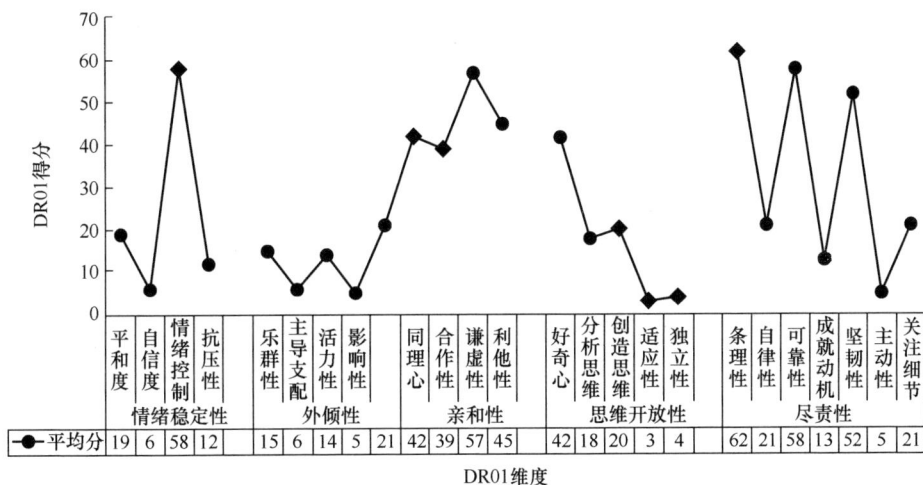

	平和度	自信度	情绪控制	抗压性	乐群性	主导支配	活力性	影响性	同理心	合作性	谦虚性	利他性	好奇心	分析思维	创造思维	适应性	独立性	条理性	自律性	可靠性	成就动机	坚韧性	主动性	关注细节
平均分	19	6	58	12	15	6	14	5	21	42	39	57	45	42	18	20	3	4	62	21	58	13	52	5	21

注：方块节点处的性格特质是岗位画像建议重点考察的维度。

图 9-4　朋同学性格特质分布情况

建议朋同学的直接上级能够让他在协调和计划方面发挥自己的优势，在主动性和成就动机都偏低的情况下，能够在工作中给他更多的指引，结合其较高的坚韧性，可以赋予他挑战性工作，帮助他成长。

再以候选人储同学为例，她的适应性较高，能够很快地融入新环境，喜欢说服和影响别人，她可以做到关注他人的需要和感受，能够耐心倾听他人的倾诉，具有良好的人际关系，善于解决矛盾、做团队协调的事情。同时，储同学有韧劲，坚韧性较好，遇到困难不退缩，相信她能全力以赴完成困难任务（见图 9-5）。

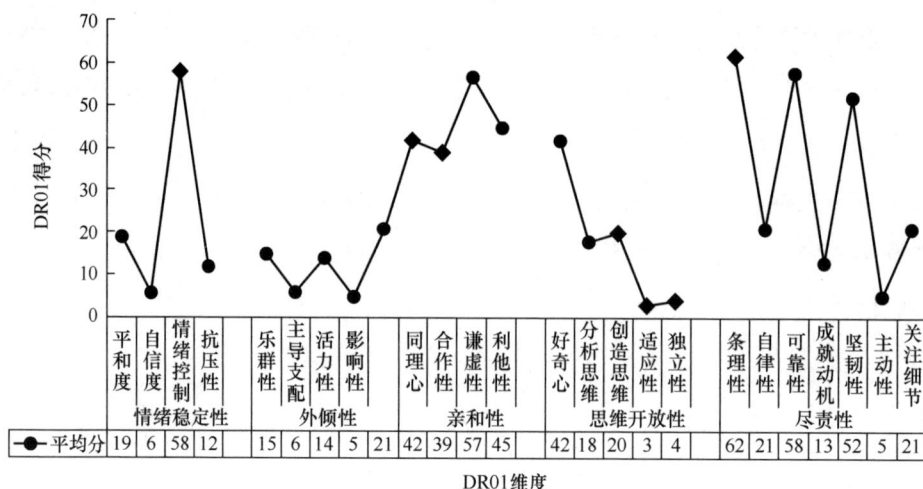

注：方块节点处的性格特质是岗位画像建议重点考察的维度。

图 9-5　储同学性格特质分布情况

储同学的风险点在于，她更倾向节奏缓慢的工作，面对快节奏工作，压力会比较大，偏向于表现、夸耀自己且条理性和关注细节处于较低水平，会让人觉得做事无章法，常常会犯一些细节处的小错误。

我们建议，直接上级可以让她在凝聚团队上有更多的表现，可以尝试赋予她挑战性任务，尤其是推动工作、影响他人方面的任务，但要强化她对工作规划和节点的计划能力，关注她在交付成果中的细节问题。

我们的项目组共对 30 位入职的管培生做了性格特质分析并给出用人建议，对照人才画像，报告优秀候选人的发展优势和用人风险点，提醒管理者在人才任用中持续关注他们的工作表现、追踪绩效结果，充分扬长避短，稳步构建人才梯队。之后，易康医疗也将上述人才画像用在了后续的管培生招聘中，提高了人才招聘的效率。

案例三：找到适合本律所的精英律师

律所是人才密集的机构，对于高端人才的吸引和保留会直接影响到其生存、发展与壮大。

树人律所曾是我们服务的律所之一，总部位于雪域高原，目前人数规模超百人、年创收额近亿元。相比目前律师市场上占比高达 95% 的提成式律所，树人律所一直坚持企业式运营，坚持全国四地协同办公，希望能够做统一分配案源、培养团队、赋能团队的一体化律所。相对而言，一体化律所拥有统筹管理的优势，对于优秀人才的持续供给与培养有着更高的要求。但这恰恰是树人律所感到最头疼的难题，近年来，律所的人才引入无法跟上业务增长的步伐，即使引入了一些年轻律师，却保持了较高的流失率。

究其原因，律所对于优秀律师画像不精准、面试官对于人才选拔方法掌握不到位，导致选不到优秀人才、选人不准，进而出现了较大的人才缺口。

我们用人才性格测评的方式，帮助律所构建优秀律师的画像。

第一步　访谈诊断，界定问题

一体化律所更讲究对内的协同和分享机制，强调以律所的整体和长远利益为重。

在回答"如何避免人才流失"之前，我们提出建议，"先去辨别流失的人哪些是值得挽留的，哪些本身就不是合适的。重要的不是人才流动，而是人才流动之后，组织的人才队伍是变得更强大了，还是更弱了"。

通过调研诊断，我们建议，首先，律所应该借助人才盘点，识别真正优秀的人，主动淘汰不合适的人；其次，构建本所希望招聘的精英律师画像；最后，提升律所内合伙人的面试能力，所有合伙人有责任为律所找到、选出精英律师。

聚焦于帮助树人律所构建实用、清晰的人才画像这个问题，我们展开了两方面的工作：一是向外，对标行业标杆律所的素质要求；二是向内，基于树人律所的律师群体的性格测评数据做组间对比，获取绩优群体的性格特质。

第二步　确定标杆，收集数据

在选择标杆律所时，我们一方面考虑其管理模式的可比性，另一方面考虑了信息的可获取性。最终，收集了中伦、君合、竞天公诚等中国顶尖律所在其招聘岗位描述中提到的素质要求（见表 9-4）。这些岗位画像有行业通用的标准，也有个性之处。

表 9-4　中国顶尖律所岗位素质要求示例

律 所 名 称	岗位素质要求
君合	沟通能力
	团队协作
	抗压能力
	高效执行
	认真负责
	逻辑思维
	严谨细致（专利律师）
竞天公诚	刻苦钻研
	沟通能力
	团队合作
	笃信务实
	谈判能力（诉讼争议及解决方向）
	开拓能力（诉讼争议及解决方向）
中伦	沟通能力
	学习能力
	团队协作
	抗压能力
	逻辑分析能力
金杜	钻研探索
	市场敏锐
	沟通能力
	服务意识
	团队精神
	全局视野

综合四家律所的选人标准，我们经过分析判断与研讨，初步提取了沟通协作、逻辑思维、坚韧抗压作为律师群体的通用素质要求。但对于树人律所来说，这些还不够，"标杆企业可以给我们参考，但我们自己特有的人才标准还有什么？"

我们提取了树人律所之前完成的 99 份性格测评报告，根据人才盘点结果，将样本分为标杆组和对照组，其中标杆组 42 人，对照组 57 人，用组间对比法寻找关键特质，补充人才画像的内容。

第三步 分析数据，展示结果

在分析之前，首先清洗不合格的数据，保留真实性最高、代表性最强的样本。之后所做的数据分析结果显示，在树人律所，标杆组律师群体相比对照组律师群体，在自信度、抗压性、主导支配、影响性、好奇心、分析思维、独立性、成就动机、坚韧性、主动性的维度上差异更显著，即相比而言，那些优秀的律师倾向于表现出更高的自信度、更高的主导支配和独立性、更高的分析思维和更高的成就动机及主动性（见图9-6）。

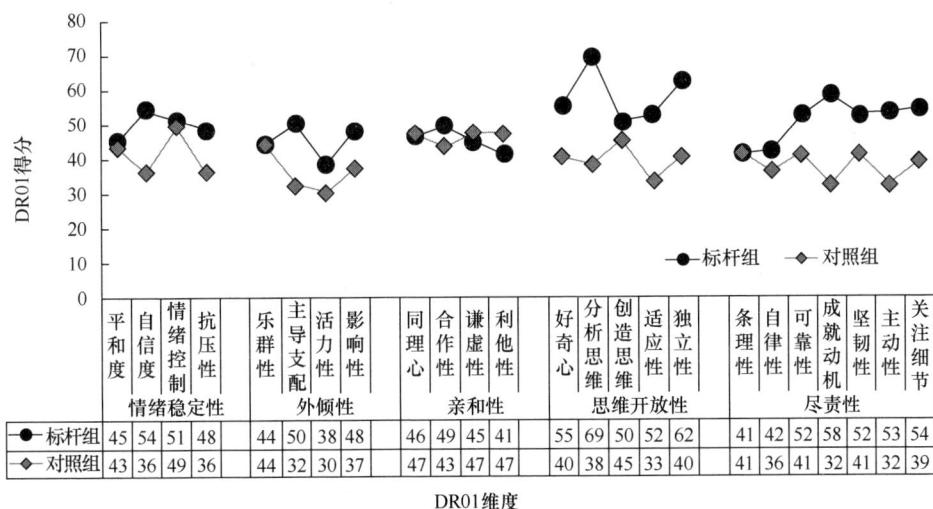

| | 情绪稳定性 | | | | 外倾性 | | | | 亲和性 | | | | 思维开放性 | | | | | 尽责性 | | | | | |
	平和度	自信度	情绪控制	抗压性	乐群性	主导支配	活力性	影响性	同理心	合作性	谦虚性	利他性	好奇心	分析思维	创造思维	适应性	独立性	条理性	自律性	可靠性	成就动机	坚韧性	主动性	关注细节
标杆组	45	54	51	48	44	50	38	48	46	49	45	41	55	69	50	52	62	41	42	52	58	52	53	54
对照组	43	36	49	36	44	32	30	37	47	43	47	47	40	38	45	33	40	41	36	41	32	41	32	39

DR01维度

图9-6 律师群体标杆组和对照组特质对比

自信度高，说明优秀的律师更倾向于表现出更强的自我效能感，相信自己能够做成某件事、达到某个高目标，勇往直前。

坚韧性、抗压性高，则意味着优秀律师面对挑战、挫折时，能够在情绪与行动上积极状态应对，不会沉溺于当前的失败，快速恢复。

主导支配高，意味着优秀律师乐于主动把控工作进度和节奏，对工作开展起着一定的主导支配的作用，对全局有着较高的把握程度。

影响性高，指个人喜欢并善用各种方法说服他人接受自己的观点的倾向，作为律师需要影响的不仅是当事人，出现在法庭上的每个人都是需要直接或间接影响的对象，因此具有说服的意识，影响他人的倾向也是优秀律师的关键特质。

分析思维也是加强我们对律师群体的印象认知的特质，社会群体对律师岗位的普遍认识便是，他们需要做很多深入分析的工作。在案件扑朔迷离、线索错综复杂时，能够清醒地分析和思考，从复杂现象和线索中抓住本质，这是一个优秀律师应该具备的基本素质。

此外，成就动机和主动性高，说明优秀的律师有更高的自我驱动和主动承担的意识，发自内心地驱动自己主动承担、主动成就，达成一定的事业目标，外界环境的约束不会影响其对工作目标的追求。

第四步　讨论修正，形成结论

基于分析结果，我们建议树人律所将自信度、抗压性、主导支配、影响性、好奇心、分析思维、独立性、成就动机、坚韧性和主动性作为选拔律师的画像。为确保结果的可用性，树人律所以这些特质作为标准，评价现有律师群体，其结果与数据分析的结果一致，那些被认为较为优秀的律师，在上述特质上表现较为突出。

结合律师的通用素质，对上述特质进行提炼和整合，形成最终的树人律所的律师画像（见表9-5）。

表9-5　树人律所律师画像

人　才　画　像		
岗位名称	初级律师	
冰山上（学历、经验、技能）	大学本科及以上	
冰山下 （价值观、素质、潜力、动机、个性）	素质项	对应的性格特质
	学习能力	好奇心、分析思维
	坚韧抗压	抗压性、坚韧性
	沟通协调	影响性
	主动成就	成就动机、主动性
	逻辑思维	分析思维
	推动决策	主导支配、自信度、独立性

在之后的合作中，我们为树人律所的合伙人提供了精准选人的培训，使得经过数据分析与研讨的律师人才画像有了用武之地，也让树人律所的面试官们在选人上有了更加有力的工具。

案例四：在抢人争夺战中占得先机

从 2012 年到 2022 年，德锐咨询的复合增长率保持在近 40%的水平。无论是营收规模还是员工规模，都实现了持续稳定的增长。

稳健的增长，再加上始终坚持先人后事的理念、345 薪酬体系、3 倍速人才培养，让德锐咨询对于人才的吸引力与日俱增。从 2017 年开始，公司启动校园招聘，年度简历数量已经从 2017 年秋招时的 100 份左右，增长到 2021 年的超 7000 份。

面对快速增长的简历量，以及简历背后那么多优秀的候选人，德锐招聘团队亟须解决两个问题。

（1）怎么能够从大量简历中高效筛选候选人？

（2）怎么能够从合适简历里选中匹配德锐需求的优秀人才？

高效筛选候选人

面对这幸福的烦恼，德锐咨询招聘经理提出了一个现实的问题："大家不睡觉也面试不了这么多人，有没有什么方法可以快速筛选简历，减少面试量？"

经过讨论，最终确定快速筛选候选人方式。首先，增加面试流程，请候选人完成网申流程，这一步骤就筛选掉了一批求职意向较弱的候选人。之后，又经过知识技能等冰山上标准筛选，再次减少了一批明显不匹配的候选人。再之后，通过建立基于性格测评数据的筛选标准，最终让待面试的匹配度更高的候选人数量能够在可控的范围内。

通过性格测评构建筛选标准的过程，在第五章中已有较为细致的描述。具体步骤包括，先用组间对比法确定筛选项，再用过往测评数据为成熟岗位设置门槛值，又经过现有在岗人员测评数据的反复验证所有门槛值设定有效，可以识别出那些更有可能匹配德锐咨询需求的人员，以亮灯数量作为筛选的标准。

这一筛选机制，在 2021 年秋招时，帮助事先淘汰了约 20% 的候选人，节省了面试官超 300 小时的初试时间，同时校招复试通过率较以往同比增长了 4%。计算下来，考虑初试、复试中的面试时间节省，后期不必要的培训投入、薪酬浪费，每次校招季，该方法将为德锐咨询节省数百万元的成本。

准确选中候选人

筛掉了不合适的简历之后，接下来需要考虑的是，如何在精心挑选的简历里，找到最优的适合加入德锐咨询的人才？

每次在讨论测评工具开发工作时，我们都会提到，"我们每年发给错误的人的工资多达几百万元，这还不包含隐含的机会成本。这个问题怎么解决呢？我们需要尽可能地减少招错人的损失，测评需要助力提高我们的招聘准确率。"

针对这个问题，我们做了很多努力，最终确定了"基于测评的定制化解决方案"。

经过多年的面试积累与提炼，我们对咨询顾问的岗位画像已经非常明确清晰，冰山下的素质主要考察先公后私、钻研探索、影响推动、卓越交付、聪慧敏锐（见表 9-6）。五条素质项缺一不可，只有全部满足，才能成为德锐的咨询顾问。

表 9-6　德锐咨询咨询顾问素质项及其定义

素　　质	素质项定义
先公后私	有执着的事业雄心，时常以公司和集体利益为重，并用实际行动影响团队其他成员
钻研探索	通过钻研与探究不断提升个人能力
卓越交付	通过有效地交流沟通达成一致理解，并影响和促使对方接受或达成共识
影响推动	高效执行任务，高质量、超预期地完成工作
聪慧敏锐	应变能力强，人际关系敏锐。能够很好地处理各种突发事件和人际问题

那么，怎么借助测评工具准确、快速识别候选人的五项素质？

我们通过四个步骤解决了该问题，一是面试官意见收集，二是数据分析验证，三是专家讨论形成判断，四是生成报告投入应用。通过测评工具对这五大素质项进行量化评估，帮助面试官做出是否录用的决策。

第一步　问卷调研：性格特质与素质项关联的主观判断

在德锐咨询内部，项目经理及以上人员都须经过金牌面试官认证，才能主导面试。所有面试官都对选人标准有着清晰认识，对结构面试的方法了然于心。我们通过问卷收集的形式，向各位金牌面试官收集面试评价关注的重点。问卷内容包括：

（1）请选出能够帮助预测"先公后私"的性格特质。

（2）请选出能够帮助预测"钻研探索"的性格特质。

（3）请选出能够帮助预测"卓越交付"的性格特质。

（4）请选出能够帮助预测"影响推动"的性格特质。

（5）请选出能够帮助预测"聪慧敏锐"的性格特质。

（6）您认为优秀的咨询顾问应该具备哪些素质，优秀咨询顾问应该体现出的状态和态度有哪些？

问卷一共收集到 38 位金牌面试官的回答，其中包括 10 位合伙人。结果显示，面试官群体对素质项的可预测性格特质的共识程度较高，但是对于聪慧敏锐和钻研探索的判断相似度偏高，这意味着在以往判断中，面试官对聪慧敏锐与钻研探索的认识存在重叠，需要对这两个素质项进行进一步的澄清。

而后，我们组织内部测评研发人员和招聘人员就两个素质项的内涵进行了再次确认，并与多个面试官进行交流，最终大家一致认为，聪慧敏锐更多导向人际敏锐，钻研探索更多导向自主学习、深度思考、观点提炼。由此，素质项与性格特质的对应关系初步明确（见表9-7）。

表9-7　金牌面试官对于素质项与性格特质对应关系的建议

素　质　项	对应性格特质
先公后私	利他性、主动性、合作性、可靠性
钻研探索	分析思维、好奇心
卓越交付	可靠性、关注细节、坚韧性、主动性
影响推动	影响性、主导支配、成就动机、自信度
聪慧敏锐	同理心、适应性、情绪控制、好奇心

为了明确上述对应关系是否合理，我们基于以往面试数据，进行了交叉验证。

第二步　数据分析：用数据验证素质项与性格特质的对应关系

在过往面试中，德锐咨询的面试官会在初试后给予候选人评价，分别对候选人在五大素质项上的表现做出高中低判断，积累了大量素质评价数据。有了面试官的素质评价数据，结合性格测评数据，就可以做两者的相关性分析，即可以分析出性格特质的哪些维度可以很好地预测候选人的素质表现。

我们收集了 486 场面试的评价表，与这 486 位候选人的性格特质数据做了相关性分析。结果表明，影响推动和卓越交付两个素质项对应的性格特质与面试评价结果有着显著的相关性，而先公后私、钻研探索、聪慧敏锐的对应性格特质和面试评价结果虽然也有一定关联性，但相对偏弱。数据分析帮我们验证了影响推动和卓越交付对应的性格特质，其他素质项与性格特质的关系，还需要专家讨论做最终确认。

第三步　专家讨论：素质项与性格特质对应关系最终确认

回顾在第一步时金牌面试官及合伙人的判断，我们对先公后私、钻研探索和聪慧敏锐开展进一步的讨论，也对影响推动和卓越交付两个素质项做最后确认。整个讨论验证过程，我们与面试经验最丰富的面试官一起，遵循几条规则进行讨论，一是素质项之间体现差异，二是以多数面试官建议为主、重点参考资深面试官观点。最终，形成的素质项与性格维度的对应关系，得到了多数人的认可（见表9-8）。

表9-8　素质项与性格维度对应关系

素　质　项	性格维度
先公后私	利他性、合作性、主动性
钻研探索	好奇心、分析思维
卓越交付	可靠性、坚韧性、关注细节
影响推动	自信度、主导支配、影响性
聪慧敏锐	同理心、分析思维

该对应关系，将会在接下来的面试里再做持续的实践验证。

第四步 生成岗位画像报告：结合面试决策矩阵，提高面试判断准确度

为了了解候选人的相对水平，我们将过往所有候选人的测评数据作为样本，形成了人才选拔的常模，未来候选人的测评结果将基于常模对比得出。同时基于胜任咨询顾问的测评结果，明确参考区间，面试官对候选人的相对水平即可一目了然（见图9-7）。

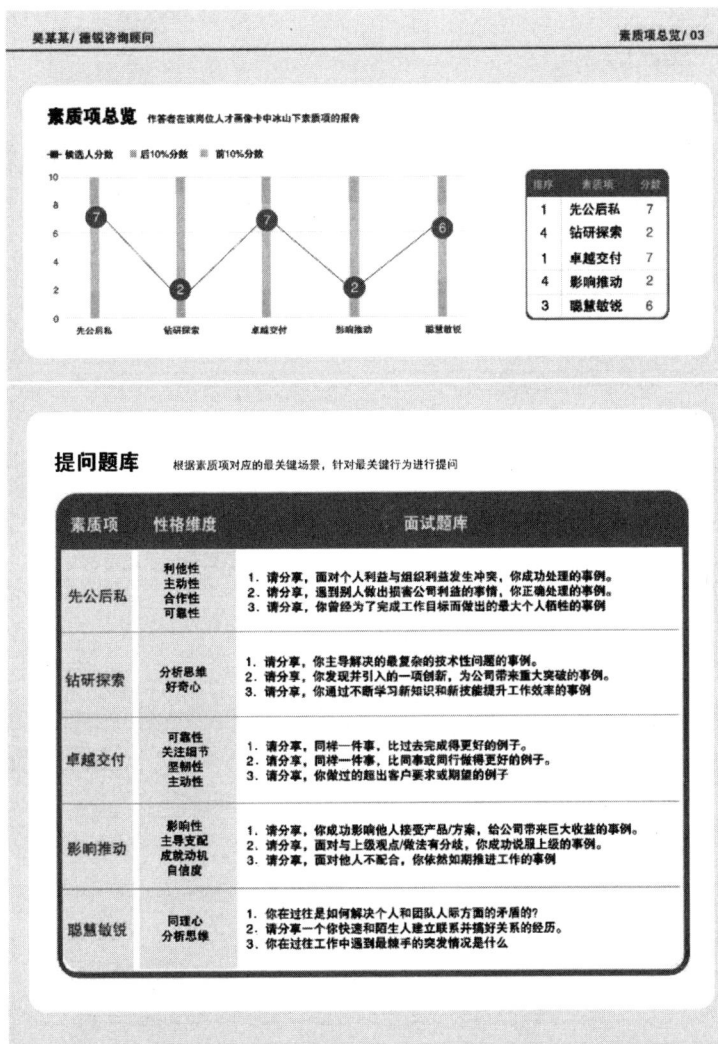

图 9-7 德锐咨询咨询顾问候选人岗位画像报告（局部）

图 9-7 显示，候选人在钻研探索、影响推动维度明显处于相对低位，在招聘中需重点关注。如果面试官通过行为面试判断候选人具备较强的影响推动能力，就需要追加验证提问，深度收集关于影响推动的事例，防止错信或错失人才。

德锐咨询顾问岗位画像报告投入使用后，得到面试官对该报告的众多反馈，"我现在面试前先看一眼岗位画像报告，心里就有数了，需要着重考察哪个素质项""这个候选人的岗位画像报告显示她的聪慧敏锐很高，我面试下来确实如此，这是她很突出的一个特征"……久而久之，岗位画像报告成为面试官面试过程中的得力助手。

岗位画像报告的使用，是一个持续使用持续优化的过程——通过岗位画像报告提升面试准确性，并通过面试结果的反馈，持续优化岗位画像报告内容。

参考文献

[1] 李祖滨, 刘玖锋. 精准选人: 提升企业利润的关键[M]. 北京: 电子工业出版社, 2018.

[2] McCLELLAND D C. Testing for Competence Rather Than for "Intelligence"[J]. American Psychologist, 1973(January):1-14.

[3] 李祖滨, 陈媛, 孙克华. 人才画像: 让招聘准确率倍增[M]. 北京: 机械工业出版社, 2021.

[4] Knapp D J, Mc C Loy R A, Heffner T S. Validation of Measures Designed to Maximize 21st-Century Army NCO Performance[J]. 2004.

[5] 杜凤莲, 等. 时间都去哪儿了? 中国时间利用调查研究报告[M]. 北京: 中国社会科学出版社, 2018.

[6] 仇德辉. 数理情感学[M]. 北京: 中共中央党校出版社, 2018.

[7] 黄卫伟. 以奋斗者为本[M]. 北京: 中信出版社, 2014.

[8] 白山, 郑福生. 决断力: 领导赢家的关键能力[M]. 北京: 中国经济出版社, 2009.

反侵权盗版声明

电子工业出版社依法对本作品享有专有出版权。任何未经权利人书面许可，复制、销售或通过信息网络传播本作品的行为；歪曲、篡改、剽窃本作品的行为，均违反《中华人民共和国著作权法》，其行为人应承担相应的民事责任和行政责任，构成犯罪的，将被依法追究刑事责任。

为了维护市场秩序，保护权利人的合法权益，我社将依法查处和打击侵权盗版的单位和个人。欢迎社会各界人士积极举报侵权盗版行为，本社将奖励举报有功人员，并保证举报人的信息不被泄露。

举报电话：（010）88254396；（010）88258888

传　　真：（010）88254397

E-mail：　dbqq@phei.com.cn

通信地址：北京市万寿路 173 信箱

　　　　　电子工业出版社总编办公室

邮　　编：100036